Louis Figuier

Les Bateaux
à Vapeur

Les Merveilles de la science

ISBN : 978-1519160973

10 9 8 7 6 5 4 3 2 1

Louis Figuier

Les Bateaux à Vapeur

Les Merveilles de la science

Table de Matières

PRÉFACE

J'entreprends de raconter quelques-unes des merveilles réalisées, dans l'ordre des sciences, par le génie moderne. Je me propose de faire connaître, avec quelque exactitude, les admirables inventions scientifiques qui caractérisent notre temps et qui feront sa gloire. La machine à vapeur et ses applications innombrables, l'électricité et ses mille emplois, les chemins de fer, la photographie, la pisciculture, le drainage, etc., etc. ; en un mot, les grandes découvertes qui résultent de l'heureuse application des sciences physiques et naturelles, seront étudiées dans ce livre.

Un ouvrage en 4 volumes in-18, publié par nous il y a dix ans, et resté inachevé : *Exposition et histoire des principales découvertes scientifiques modernes*, formera la trame de la publication actuelle. Cet ouvrage, repris et singulièrement étendu, présentera le tableau à peu près complet des merveilles de la science contemporaine.

Depuis quelques années, des livres d'une grande importance, l'*Histoire de la Révolution française*, par M. Thiers ; l'*Histoire du Consultat et de l'Empire*, par le même auteur ; l'*Histoire des Girondins*, par M. de Lamartine, d'admirables romans nationaux, etc., ont été publiés par livraisons illustrées, au prix de 10 centimes la livraison. Tout le monde connaît le succès immense et la popularité qu'ont rencontrés ces ouvrages.

On n'avait pas encore songé à appliquer le même mode de publication aux ouvrages de science populaire. Cependant, s'il est un genre de livre qui prête à l'illustration, c'est celui qui s'occupe de mettre sous les yeux du lecteur des faits de l'ordre scientifique, en relevant l'aridité de ces faits par l'emploi des procédés littéraires.

Cette tentative, je la fais aujourd'hui. Si le public veut bien, dans cette occasion nouvelle, m'accorder le puissant et sympathique appui dont il m'a toujours honoré, j'aurai la satisfaction la plus douce à mon cœur : répandre dans les masses désireuses de s'instruire, les salutaires leçons de la science et de la vérité.

Les connaissances scientifiques n'étaient, il y a un demi-siècle, qu'une sorte de luxe intellectuel, le simple complément d'une éducation distinguée. Elles étaient le privilége d'un très-petit nombre d'hommes, car leurs applications étaient presque nulles

Louis Figuier

dans les arts, dans l'industrie, dans la vie privée. Quel prodigieux changement depuis cette époque ! La science est entrée, de nos jours, dans toutes les habitudes de la vie, comme dans les procédés de l'industrie et des arts. Nous voyageons par la vapeur ; — tous les mécanismes de nos usines sont mus par la vapeur ; — nous correspondons au moyen d'un courant électrique, de sorte que la pile de Volta a remplacé la poste aux lettres ; — nous commandons notre portrait à la chimie, qui le fait exécuter par le soleil ; — nous nous faisons éclairer par un gaz emprunté à la chimie ; — c'est la chimie qui conserve nos légumes pour la saison de l'hiver ; — nous demandons à l'électricité de remplacer nos sonnettes ; — la houille, traitée par des procédés chimiques, nous fournit les couleurs brillantes et solides qui teignent nos étoffes, — et nos enfants jouent avec un ballon gonflé de gaz hydrogène, pendant que les pères s'amusent à voir se tordre et s'élancer un *serpent de Pharaon*, préparation physico-chimique.

Puisque la science nous touche par tant de côtés, puisqu'elle est constamment mêlée à notre vie, chacun est bien obligé de s'initier aux connaissances scientifiques. Grand ou petit, riche ou pauvre, personne ne peut rester étranger à ce genre de notion. La science est un soleil : il faut que tout le monde s'en approche, pour se réchauffer et s'éclairer.

C'est pour répondre à ce besoin universel que nous avons écrit la série des notices scientifiques que l'on va lire, et qui sont consacrées à la description et à l'histoire des grandes inventions de la science contemporaine. Rechercher l'origine de chacune des principales inventions scientifiques modernes, raconter ses progrès et ses développements successifs, exposer son état actuel et les principes sur lesquels elle est fondée : tel est le double objet que l'on se propose dans ce livre.

Les *Merveilles de la science* s'adressent spécialement à cette classe si nombreuse de personnes qui, ne possédant sur les sciences aucune notion positive, désirent cependant bien connaître les inventions modernes. Aussi la clarté a-t-elle été ma préoccupation constante. Instruire sans fatigue, dépouiller la science et son histoire des formes arides qu'elle présente dans nos traités classiques ; tel est le but que je me suis efforcé d'atteindre. Il y a toujours, dans une question scientifique, même la plus complexe, une partie accessible à tous les esprits, un côté attrayant, pittoresque et curieux. C'est cette partie du sujet que je développe souvent, pour jeter quelques fleurs sur l'aridité du chemin.

L'histoire des progrès de l'esprit humain dans la voie scientifique est aussi riche en intérêt, aussi féconde en enseignements qu'aucune autre partie de l'histoire générale. Mais les documents qui consacrent le souvenir de ces faits, épars dans un grand nombre de recueils peu connus, ou disséminés dans des publications éphémères, sont difficiles à rassembler. Cette œuvre de recherches patientes, j'ai essayé de l'accomplir pour les sujets que j'ai abordés. Lorsque l'utilité des travaux de ce genre sera mieux appréciée qu'elle ne l'est encore, d'autres écrivains compléteront cette tâche en embrassant l'ensemble tout entier des conquêtes scientifiques de notre époque, et ainsi seront sauvés de l'oubli des monuments précieux qui seront un jour les vrais titres de gloire de l'humanité.

CHAPITRE PREMIER

ESSAIS DE NAVIGATION PAR LA VAPEUR EXÉCUTÉS EN FRANCE, PAR LE MARQUIS DE JOUFFROY. — TENTATIVES ANTÉRIEURES. — BLASCO DE GARAY. — PAPIN. — SAVERY. — J. DICKENS. — BERNOUILLI. — LE CHANOINE GAUTHIER DE NANCY. — PREMIÈRES ÉTUDES THÉORIQUES ET PRATIQUES FAITES EN FRANCE, PAR D'AUXIRON ET FOLLENAI, POUR APPLIQUER LA POMPE À FEU À LA NAVIGATION SUR LES RIVIÈRES. — LE MARQUIS DE JOUFFROY REPREND LES ESSAIS DE D'AUXIRON ET DE FOLLENAI. — EXPÉRIENCE FAITE SUR LE DOUBS, PAR LE MARQUIS DE JOUFFROY, AVEC L'APPAREIL PALMIPÈDE. — LES BATEAUX À ROUES. — LES ROUES APPLIQUÉES AUTREFOIS À LA NAVIGATION. — LEUR EMPLOI PROPOSÉ DE NOUVEAU, AU XVIIIᵉ SIÈCLE. — EXPÉRIENCE FAITE À LYON, AVEC LE BATEAU À ROUES DU MARQUIS DE JOUFFROY.

Vers la fin de l'année 1775, un jeune gentilhomme de la Franche-Comté, Claude-Dorothée, marquis de Jouffroy-d'Abbans, vint pour la première fois à Paris. Il arrivait de l'île Sainte-Marguerite, où l'avait exilé pendant deux ans, une lettre de cachet sollicitée par sa famille, à la suite d'un duel qu'il avait eu avec le colonel de son régiment.

Il y avait, comme on le sait, dans l'île Sainte-Marguerite, qui se trouve parmi les îles de Lérins, en face de Cannes, en Provence, une prison d'État célèbre, la même où fut enfermé l'*homme au masque de fer*.

Pendant son exil, le jeune officier n'avait guère d'autre distraction que le spectacle de la mer. En observant les manœuvres des galères, conduites à la rame, par les forçats, suivant l'usage de ce temps, il avait été frappé des inconvénients de ce mode de propulsion des navires. Depuis que l'Académie des sciences avait mis au concours, en 1753, la question des *moyens de suppléer à l'action du vent*, et couronné le mémoire présenté sur ce sujet par Daniel Bernouilli, on s'occupait en France, avec beaucoup d'ardeur, des perfectionnements à introduire dans les procédés de navigation. M. de Jouffroy préoccupé du même genre de recherches, conçut l'idée que la machine à vapeur pourrait remplacer l'action des rames.

Cette pensée n'avait rien d'ailleurs que de fort simple ; elle s'était déjà présentée à l'esprit de la plupart des mécaniciens de cette époque. La machine de Watt, alors consacrée, en Angleterre, à l'épuisement de l'eau dans les mines, constituait un moteur d'une puissance extraordinaire, et tout le monde comprenait que ce nouvel agent était de nature à recevoir bientôt un grand nombre d'applications nouvelles. En étudiant avec attention les divers éléments théoriques et pratiques relatifs à la marche des vaisseaux, le marquis de Jouffroy n'avait pas tardé à se convaincre que l'application de la vapeur à la navigation était loin d'offrir des obstacles insurmontables. Mais l'élément essentiel manquait à ses calculs, car la machine à vapeur était encore fort peu connue parmi nous. Uniquement employée en Angleterre dans les mines de houille, surveillée d'ailleurs avec un soin jaloux chez cette nation, qui désirait jouir exclusivement de ses avantages, la merveilleuse machine n'avait pas encore passé le détroit.

Précisément à l'époque où le marquis de Jouffroy, revenant de son exil, entrait dans la capitale, impatient de recueillir sur la machine à vapeur les renseignements qui lui manquaient, les frères Périer s'occupaient d'établir la pompe à feu de Chaillot, qui consistait, comme on l'a vu dans l'histoire de la machine à vapeur, en une machine de Watt à simple effet. La pompe à feu des frères Périer était alors, pour les Parisiens, le sujet d'une vive et juste curiosité ; la foule ne se lassait pas d'aller contempler son jeu, si admirable et si simple.

Fig. 79 — Le marquis de Jouffroy.

À peine débarqué, le marquis de Jouffroy, sans donner un regard aux merveilles de la capitale qu'il voyait pour la première fois, courait à Chaillot, pour se mêler à la foule des visiteurs, et tandis que le mécanisme de l'appareil n'était pour le reste des assistants que l'objet d'une curiosité stérile, il devenait pour lui le texte des plus fructueuses études. Ayant obtenu des frères Périer la faveur d'une entrée particulière, il put observer tout à loisir les détails de la machine et le jeu de ses divers organes. L'examen approfondi auquel il se livra ainsi, lui montra toute la certitude de ses vues ; et dès lors, la possibilité de réaliser le projet qu'il avait conçu éclata avec évidence dans son esprit, et l'occupa tout entier.

Louis Figuier

Fig. 80. — Bernouilli.

Quelques explications vont faire comprendre comment la machine installée à Chaillot, ou la machine de Watt à simple effet, pouvait donner les moyens de créer la navigation par la vapeur, et permettre de triompher des obstacles qui, jusqu'à ce moment, avaient arrêté les mécaniciens dans l'exécution de cette grande entreprise.

L'idée d'appliquer la vapeur à la navigation, s'était présentée, disions-nous tout à l'heure, à l'esprit de la plupart des mécaniciens qui avaient été témoins de ses effets. C'est ce qui va résulter de la revue historique que nous allons faire des divers projets qui ont été proposés ou exécutés, pour appliquer la machine à vapeur à la navigation, au fur et à mesure que cette puissante machine prenait naissance et se perfectionnait entre les mains des constructeurs.

Mais avant d'entreprendre cette revue, il est peut-être bon de nous débarrasser d'un personnage que quelques historiens, et surtout les Espagnols, ont voulu mettre en avant, pour lui attribuer l'honneur d'avoir, le premier, créé un bâtiment à vapeur. Nous voulons parler de Blasco de Garay.

CHAPITRE PREMIER

Fig. 81. — Le marquis de Jouffroy étudiant la pompe à feu de Chaillot.

Arago, dans sa notice sur *la Machine à vapeur* [1], cite un rapport, qui a été publié en 1826 par M. de Navarette, dans la *Correspondance astronomique du baron de Zach*. D'après ce rapport, qui existe à l'état de manuscrit dans les archives royales de Simancas, un capitaine de la marine royale d'Espagne, Blasco de Garay, aurait expérimenté, en 1543, devant l'empereur Charles-Quint, une sorte de bateau à vapeur.

Malgré l'apparente impossibilité de ce projet, l'empereur, nous dit Navarette, ordonna d'en faire l'expérience dans le port de Barcelone.

Louis Figuier

Il fixa, pour cet essai public, le 17 juin 1543. Une commission composée de don Henri de Tolède, de don Pedro de Cordoue, du trésorier Ravago, du vice-chancelier et intendant de Catalogne, et de quelques autres personnages, assista au spectacle annoncé. Le navire choisi pour l'application du nouveau moyen de propulsion, se nommait *Trinité*, du port de 200 tonneaux.

Blasco de Garay ne voulut révéler à personne le secret du mécanisme qu'il employait. Tout ce qu'on put remarquer, c'est que l'appareil avait pour éléments essentiels, une chaudière d'eau bouillante, et des roues, qui faisaient marcher le navire.

La commission fit son rapport à Charles-Quint. Elle déclare dans ce rapport, que la machine de Garay ne pourrait imprimer aux navires qu'une vitesse d'une lieue à l'heure. Le trésorier Ravago ajoute, comme opinion personnelle, que la machine lui paraît trop compliquée et trop coûteuse, et de plus, sujette au danger d'une explosion.

Après cette expérience publique, Garay enleva toute la machinerie de son bâtiment, et ne laissa dans l'arsenal de Barcelone qu'une partie des charpentes en bois. L'empereur lui remboursa les frais de son expérience, et l'éleva à un grade supérieur.

Tel est le récit donné par Navarette de l'expérience de Blasco de Garay, sur la foi d'un rapport manuscrit qui existe, comme nous l'avons dit, dans les archives de Simancas.

Les circonstances du récit que l'on vient de lire, sont de nature à le rendre suspect. L'état des sciences au XVIe siècle nous empêche de croire que personne ait pu exécuter, à cette époque, une machine à vapeur. Si une telle machine eût apparu du temps de Charles-Quint, comment serait-elle tombée ensuite dans un complet oubli ? « Une chaudière d'eau bouillante » ne suffit pas à constituer une machine à vapeur, et s'il entrait dans le système mécanique dont il s'agit un pareil élément, rien n'autorise à conclure que cette chaudière fût destinée à fournir de la vapeur fonctionnant comme agent mécanique. Le texte du document espagnol est muet sur ce point, car tout se réduit à la mention de l'existence de ce chaudron d'eau bouillante.

Ajoutons que si un essai d'application de la vapeur fut tenté à cette époque, il est certain qu'il resta sans influence, sans utilité, puisque le secret de cette machine ne fut point révélé par l'auteur.

Le document dont il s'agit étant purement manuscrit, n'ayant jamais été imprimé, il est impossible de lui accorder la confiance que mériterait une pièce livrée à l'impression, qui aurait pu être discutée et contrôlée par les contemporains.

Par toutes ces considérations, le nom de Blasco de Garay ne nous paraît point devoir figurer sérieusement dans l'histoire de la navigation par la vapeur.

Balzac a bâti sur cette histoire, son drame *les Ressources de Quinola*. C'est le droit de tout écrivain, de s'emparer des types qui parlent à l'imagination ou au cœur, et de les transporter dans le roman ou sur la scène. Mais l'historien a le devoir de se renfermer dans son rôle.

Arrivons donc aux faits positifs, c'est-à-dire aux travaux scientifiques contenus dans des publications sérieuses.

Lorsque Papin proposa sa première machine à vapeur, il insista particulièrement sur l'application que l'on pourrait en faire à la propulsion des bateaux. On a vu, par lalecture de son mémoire de 1690, que l'illustre physicien y parle surtout des avantages que l'on pourrait retirer de son appareil pour « naviguer contre le vent, » et qu'il propose un mécanisme ingénieux destiné à transmettre la puissance motrice à deux roues placées sur les côtés du bâtiment. Ajoutons qu'en 1707, lorsqu'il eut construit le modèle de sa seconde machine à vapeur, Papin se hâta de l'appliquer, comme agent de propulsion, à un petit bateau muni de roues. On a vu dans l'histoire de sa vie, quel concours de circonstances l'empêcha de réussir dans cette tentative admirable.

Dès qu'il vit sa pompe à feu fonctionner avec succès pour l'épuisement de l'eau dans les mines de charbon, pour l'élévation et la distribution des eaux dans les villes, Savery annonça son intention de l'appliquer à la navigation. Mais la machine de Savery n'aurait pu, par aucune combinaison mécanique, s'approprier à un tel usage ; et l'inventeur ne poussa pas plus loin ce projet.

En 1724, un autre mécanicien anglais, J. Dickens, obtint un brevet pour appliquer une machine à vapeur inventée par un certain Floats, à l'élévation des eaux et à la propulsion des navires ; mais ce projet ne reçut non plus aucune exécution [2].

Louis Figuier

La machine à vapeur de Newcomen et Cawley commençait à peine à se répandre dans les comtés houillers de l'Angleterre, qu'un mécanicien de ce pays, nommé Jonathan Hulls, proposait de s'en servir pour remorquer les navires à l'entrée ou à la sortie des ports. En disposant une manivelle à l'extrémité du balancier de la machine de Newcomen, il transformait le mouvement de va-et-vient du piston en un mouvement de rotation qui se transmettait à la roue à palettes d'un bateau remorqueur [3].

Jonathan Hulls obtint un brevet pour cette application de la machine de Newcomen ; mais l'amirauté anglaise repoussa son projet. En cela, l'amirauté faisait justice d'un plan inexécutable. Si l'on s'en rapporte aux dessins qui nous restent, le bateau de Jonathan Hulls était de la disposition la plus grossière. Il ne portait qu'une seule roue, qui, fixée à l'arrière, était mise en mouvement par une machine de Newcomen, à l'aide de cordes et de poulies. Il ne présentait ni mâts ni voiles ; et l'on ne voyait sur le pont que le long tuyau de tôle servant de cheminée à sa chaudière. Ce n'était donc qu'un simple remorqueur dans lequel le navire à vapeur représentait la force motrice agissant sur le câble pour faire avancer l'embarcation. Mais la machine de Newcomen ne pouvait produire commodément un mouvement de rotation, et l'irrégularité de son action mécanique, autant que la quantité considérable de charbon qu'il aurait fallu prendre à bord du remorqueur pour alimenter la chaudière, rendaient impraticable le projet de Jonathan Hulls, qui ne tarda pas à tomber dans l'oubli.

En 1753, l'Académie des sciences de Paris ayant mis au concours la question *des moyens de suppléer à l'action des vents pour la marche des vaisseaux*, Bernouilli obtint le prix proposé. L'Académie reçut, avec le mémoire de ce mathématicien célèbre, quelques autres mémoires de divers physiciens, parmi lesquels figuraient Euler, Mathon de Lacour et l'abbé Gauthier, chanoine régulier de Nancy.

Bernouilli, passant en revue les forces mécaniques connues et employées à cette époque, rejeta la vapeur pour cette application. Il prouva que la force de la poudre à canon et celle de l'eau bouillante, au moins avec la machine à vapeur telle qu'elle existait alors, ne pouvaient l'emporter en rien sur les effets des rames mues par la main de l'homme. Il montra, par le calcul, qu'une machine à vapeur, telle que la grande machine de Newcomen, qui servait à

Londres à la distribution des eaux, et qui était d'une force de 20 à 25 chevaux, ne pourrait faire parcourir à un vaisseau, quelque moyen que l'on mît en usage pour la transmission de la force, que la faible vitesse de $1^m,2$ par seconde, ou 4 320 mètres par heure, c'est-à-dire un peu plus de deux nœuds. Sur cette considération, il proposait pour la propulsion des navires un système mécanique nouveau, immergé en partie dans l'eau, à la manière des rames, mais fonctionnant d'après le principe de l'hélice actuelle, et qui serait mis en action par des hommes ou par toute autre puissance mécanique [4].

Le mémoire de Bernouilli fut couronné par l'Académie des sciences, et il est hors de doute que ce savant mathématicien avait judicieusement traité la question, en déclarant que la machine de Newcomen, la seule machine à vapeur qui fût alors connue, ne présentait aucune supériorité, comme force, sur les autres agents moteurs.

Cependant nous ne devons pas négliger de dire que l'un des concurrents dans ce tournoi académique, s'était nettement prononcé en faveur de la machine à vapeur. L'abbé Gauthier proposa d'appliquer à la propulsion des navires la machine de Newcomen, qu'il rendait propre à donner un mouvement de rotation, et qu'il consacrait à faire mouvoir des roues à palettes placées sur les côtés du navire.

Les défauts de la machine de Newcomen, l'énorme quantité de combustible qu'elle nécessitait, et la difficulté extrême de transformer son mouvement intermittent en un mouvement de rotation continu, n'auraient pas permis de mettre en pratique avec succès le projet de l'abbé Gauthier. Cependant le mémoire dans lequel le chanoine de Nancy expose ses projets, contient un tableau très-remarquable des avantages de la vapeur employée à remplacer sur les vaisseaux, le travail de l'homme. Comme il donne une idée frappante et fidèle de l'état de la science à cette époque, nous croyons être agréable à nos lecteurs en mettant sous leurs yeux la plus grande partie de ce travail, qui parut en 1754, dans les *Mémoires de la Société royale des sciences et lettres de Nancy*.

L'auteur commence par établir, par des résultats authentiques, le peu de vitesse des vaisseaux mus par la main des rameurs, c'est-à-dire des *galères* [5]. Chacun sait qu'à cette époque, les hommes condamnés par la justice, étaient affectés à ce travail ; d'où le nom de *galériens*.

« M. de Chazelle, de l'Académie royale des sciences, s'est assuré, dit l'abbé Gauthier, par des expériences répétées avec exactitude, qu'une galère qui a vingt-six rames de chaque côté, et dont la chiourme est de 260 hommes, ne fait que 4 320 toises par heure.

« On voit, par des expériences faites à Marseille le 12 février 1693, que la vitesse d'une galère à rames perpendiculaires ou tournantes, inventées par M. Duguet, ne l'emporte pas sur celle d'une galère ordinaire.

« Il résulte de ces faits, que la force d'un équipage fort coûteux ne peut faire avancer un grand vaisseau avec beaucoup de vitesse, et qu'il serait à souhaiter qu'on pût recourir en plein calme à un autre principe de mouvement.

« Les rames à feu que je propose procureront plusieurs grands avantages :

« 1° Elles joueront soir et matin, sans employer la force des hommes, au lieu que, de quelque manière qu'on applique des rames, soit celles de MM. de Camus, Martenot Limousin, ou quelque autre espèce, il faudra au moins une chiourme de 400 hommes dont la moitié fera voguer le vaisseau, tandis que l'autre se reposera ; encore ira-t-on lentement. Ajoutez que bien peu d'hommes sont en état de soutenir longtemps un travail continuel, surtout pendant les chaleurs. Dans les voyages de long cours, il arrive fréquemment que l'équipage est attaqué de scorbut ou d'autres maladies. D'ailleurs, il n'y a que des vaisseaux de guerre qui puissent avoir un équipage nombreux. En se servant des rames à feu, on ne sera pas obligé d'avoir tant de rameurs, dont la nourriture et les appointements monteraient fort haut.

« 2° La machine qui fera jouer les rames pourra servir à faire aller les pompes des vaisseaux, à lever l'ancre, etc., et son feu moteur à cuire les aliments, à renouveler l'air.

« 3° On donnera aux vaisseaux une vitesse proportionnelle à la grandeur de la machine qu'on emploiera.

« Après avoir donné une idée générale de mon objet, je passe aux développements qu'il demande. Je passerai ensuite au moyen

CHAPITRE PREMIER

d'appliquer avantageusement la force des hommes aux rames perpendiculaires.

« Comme le mécanisme et la théorie des machines à feu sont très-bien détaillés dans les ouvrages de MM. Bélidor et Désaguliers, il paraît inutile de les retracer ici. Je propose donc d'établir dans les vaisseaux des machines à feu telles à peu près que celles dont on se sert pour puiser l'eau des mines. Ces machines se procurant d'elles-mêmes tous les mouvements, deux hommes tour à tour suffisent pour les gouverner.

« Deux objections se présentent d'abord : la machine occupera beaucoup de place, et il faudra des provisions de bois ou de charbon de terre pour la faire jouer.

« Je réponds : 1° Que si l'on emploie des hommes pour faire aller des rames, ils occuperont beaucoup plus de place que la machine ; 2° qu'on doit sacrifier de petits avantages à de plus grands ; 3° que si l'on veut établir une machine dont la puissance motrice ait autant de force que celle de Frênes, c'est-à-dire 10 828 livres, il ne faudra qu'un emplacement circulaire de 10 à 12 pieds de diamètre sur autant de hauteur, pour contenir l'alambic, son fourneau et la maçonnerie ; le cylindre, n'ayant que 33 pouces de diamètre, y compris son épaisseur, et 9 pieds de hauteur, ne sera pas bien embarrassant.

« À l'égard des provisions de bois ou de charbon de terre, elles occuperont moins de place que celles qui sont nécessaires pour la nourriture d'une chiourme, qui en occuperait beaucoup elle-même. En voici la preuve. La nourriture, tant liquide que solide, qui sera consommée par 500 hommes en un jour, à 5 livres pesant pour chacun, occupe environ 36 pieds cubes, au lieu que la machine établie à Frênes ne consomme au plus, en vingt-quatre heures, que 27 à 28 pieds cubes de charbon de terre. M. Désaguliers, en parlant d'une machine qui élève l'eau à 29 pieds au-dessus d'un puits, dit qu'autant de feu environ qu'on en use dans une cheminée suffit pour mouvoir cette machine et lui faire enlever 15 tonneaux par heure.

« Négligeons les petites différences, et supposons que les aliments pour 500 hommes n'occuperont pas plus de place que le charbon de terre. On aperçoit d'abord une disproportion énorme pendant une navigation un peu longue. Par exemple, qu'un vaisseau fasse un voyage de six mois, et que durant ce temps il manque de vent pendant trente jours : voilà 500 hommes nourris inutilement pendant cinq mois, et par conséquent 5 400 pieds cubiques remplis en pure perte par les aliments liquides et solides. Il est superflu d'insister davantage sur ce sujet : il est évident que les rames à feu seront beaucoup plus avantageuses que celles des vogueurs.

« On objectera peut-être qu'il est à craindre que cette machine ne mette le feu au vaisseau. On répondra qu'il est facile de prendre des précautions qui éloignent le danger. 1° On peut se passer de maçonnerie et fortifier l'alambic contre la force de la vapeur avec des bandes de fer circulaires croisées par d'autres bandes et liées ensemble. 2° Le fourneau sera en fer, et ses pieds porteront dans un réservoir de même matière, en forme de caisse plate, qu'on remplira d'eau. 3° On pourra faire passer aussi dans des tubes pleins d'eau les contre-fiches, fourchettes et autres branches de fer nécessaires pour la solidité de la machine.

« Reste à développer la manière d'appliquer cette machine à feu à des rames perpendiculaires. Le cylindre sera placé dans l'entre-deux des ponts, entre le grand mât et le mât de misaine, et l'alambic à fond de cale, de manière pourtant qu'une partie de l'eau d'injection soit portée dans la mer par un tuyau dont l'issue sera au-dessus de la ligne de flottaison. On n'aura pas besoin d'un réservoir provisionnel pour fournir de l'eau à l'alambic ; on la tirera de la mer à l'aide d'un tuyau garni d'un robinet. Un rameau du même tuyau fournira de l'eau à une bâche, d'où la pompe refoulante la portera dans la cuvette d'injection.

« Comme les jantes cannelées du balancier ont une courbure qui a pour centre le point d'appui, les chaînes auront toujours une direction verticale au même endroit. Pour appliquer le mouvement perpendiculaire de la chaîne qui répond aux pompes aspirantes dans les machines à feu, on pourra se servir d'une roue cannelée de l'épaisseur des jantes du balancier, laquelle sera mobile autour d'un arbre dont les extrémités porteront des rames tournantes. Cette roue sera garnie de cliquets qui permettront de la faire tourner vers l'arrière du vaisseau sans que l'autre tourne, et, quand elle sera mue vers l'avant, elle fera tourner l'arbre dans le même sens. La chaîne deviendra la tangente de cette roue ; elle y sera fixée par une de ses extrémités. Après lui avoir fait faire autour une ou plusieurs révolutions, elle ne pourra s'élever perpendiculairement sans faire tourner la roue, et, par conséquent, l'arbre et les rames d'une manière propre à faire avancer le vaisseau. Lorsque le balancier cessera de faire monter la chaîne, un poids suspendu à une corde mise autour de la roue la fera mouvoir en sens contraire, et la remettra dans son premier état à mesure que descendra la chaîne du balancier.

« La machine à feu donnant 15 impulsions dans une minute et le jeu du piston dans le cylindre étant de 6 pieds, on voit qu'une puissance motrice de près de 11 000 livres fera avancer le vaisseau avec une vitesse considérable, et qui deviendra d'autant plus grande que la roue à cliquets sera d'un plus petit diamètre, qu'on doit pourtant proportionner à la force de la machine… »

Rien n'est oublié dans cet intéressant écrit, de ce qui pouvait assurer la réussite de ce projet, et confirmer les promesses d'une théorie séduisante. Malheureusement, répétons-le, la machine de Newcomen ne pouvait en aucune manière, se prêter à l'application que l'auteur avait en vue. Excellentes en principe, ses vues ne pouvaient donc, à cette époque, trouver leur réalisation.

Ce sont des idées à peu près semblables que mit en avant un ecclésiastique du canton de Berne, nommé Genevois, dans une brochure qui parut à Londres, en 1760, et qui avait pour titre : *Quelques découvertes pour l'amélioration de la navigation.* Cet opuscule est consacré à développer les applications de ce que l'auteur appelle « le grand principe ». Ce grand principe se réduisait à l'invention des rames articulées ou palmées, système moteur qui a reçu le nom de *palmipède*.

Cet appareil de navigation consiste en une sorte de palme qui s'ouvre, en s'appuyant sur l'eau, comme le pied des oiseaux aquatiques, pour imprimer un mouvement de progression en avant, et se referme quand cet effet a été produit. Des ressorts poussaient ces sortes de rames, en se détendant par leur élasticité.

Genevois, qui était surtout un homme à projets, proposait toutes sortes d'applications de ce mécanisme. Il voulait construire des chariots munis de voiles et marchant par l'impulsion de ces ressorts palmés, quand le vent viendrait à manquer. Pour appliquer le même système à la navigation, il proposait de produire, au moyen de la machine à vapeur de Newcomen, la tension des ressorts qui, en se débandant, devaient faire marcher les roues du navire.

Mais son projet favori était de mettre ces ressorts en action par la force expansive de la poudre à canon.

La poudre à canon était alors fort à la mode, comme puissance motrice. Nous avons vu Papin, Huygens et l'abbé de Hautefeuille, étudier cette force motrice avec une constante ardeur. Pendant le siècle suivant on s'en préoccupait beaucoup encore. Genevois nous dit, dans sa brochure, qu'il a grandement perfectionné l'usage de la poudre à canon comme force motrice. Il rappelle, pour faire juger des progrès qu'il a apportés à l'emploi de ce moyen, qu'avant lui on tirait un bien faible parti de la force de la poudre à canon, puisque, trente ans auparavant, un expérimentateur écossais, dont il cite le nom, avait été obligé de faire détoner trente barils de poudre, pour faire avancer un vaisseau de trois lieues.

Voilà, certes, un agent mécanique qui avait besoin d'être perfectionné !

Ce qu'il y avait de sérieux dans tout cela, c'était d'appliquer la machine à vapeur de Newcomen à la propulsion des navires, au moyen d'un mécanisme nouveau. Mais la machine de Newcomen, par ses imperfections, était hors d'état de rendre le moindre service comme agent de propulsion nautique économique et régulier.

Cependant, les défauts de la machine de Newcomen, qui avaient jusque-là rendu impossible son emploi à bord des navires, étaient destinés à être bientôt corrigés, et grâce aux changements qu'allait subir, par le progrès de la science, cette forme primitive de la machine à vapeur, les obstacles qui empêchaient d'approprier les forces de la vapeur aux besoins de la navigation, devaient, en même temps, disparaître. Lorsque Watt, créant, vers 1770, la machine à simple effet, parvint à ce résultat admirable de diminuer des trois quarts la dépense du combustible, tout en augmentant l'intensité de l'action motrice, l'illustre ingénieur fit avancer d'un pas immense la question de la navigation par la vapeur. En diminuant les dimensions de l'énorme machine de Newcomen, en rendant plus égal, plus régulier et plus doux, le jeu du balancier, il ajoutait autant d'éléments nouveaux à la solution du problème qui

CHAPITRE PREMIER

commençait alors à occuper un certain nombre de mécaniciens éclairés.

Telles sont les considérations qui durent frapper l'ardent et judicieux esprit du marquis de Jouffroy, lorsqu'il lui fut donné de connaître et d'étudier, dans les ateliers de Chaillot, la machine de Watt, que les frères Périer avaient importée de Birmingham.

Dès ce moment, ne conservant plus de doutes sur la possibilité pratique de la navigation par la vapeur, il ne s'occupa plus que des moyens de mettre ses idées à exécution.

Une circonstance imprévue vint lui en faciliter les moyens.

Le marquis de Jouffroy n'était pas le seul à qui fût venue, à cette époque, l'idée d'appliquer la pompe à feu à la navigation sur les rivières. Cette même idée s'était présentée à l'esprit de deux autres officiers, de deux autres gentilshommes ; car la noblesse de ce temps avait souvent, il faut le reconnaître, le sentiment des choses du progrès.

Ces deux gentilshommes étaient le comte Joseph d'Auxiron et le chevalier Charles Monnin de Follenai.

Compatriotes, voisins de campagne, tous deux capitaines de la légion de Lorraine et anciens camarades à l'école d'artillerie, d'Auxiron et Follenai avaient conçu ensemble le projet de faire remonter aux bateaux le cours des rivières, au moyen de la pompe à feu. Cette idée revenait sans cesse dans leurs entretiens.

En 1770, décidé à mettre ce projet à exécution, d'Auxiron prend le parti d'abandonner son emploi dans l'armée. Il quitte le service, pour se consacrer tout entier à cette entreprise. Il rédige les plans et devis pour la construction d'un bateau porteur d'une pompe à feu ; puis, muni de toutes ces pièces, il se rend à Paris, pour les soumettre au ministre du roi.

Ses plans trouvèrent faveur auprès du gouvernement. Le ministre Bertin lui fit la promesse formelle du privilége, en d'autres termes, du brevet exclusif d'exploitation de la force de la vapeur appliquée à la navigation sur les rivières.

Fig. 83. — Le maréchal-de-camp Follenai.

Voici la lettre datée de Versailles, le 14 mai 1772, qui contenait cet engagement.

« MONSIEUR,

« J'ai rapporté au conseil, la demande que vous avez faite au roi d'un privilége exclusif pour appliquer la force de la pompe à feu à faire remonter les bateaux sur les rivières les plus rapides, et Sa Majesté m'a autorisé à vous donner de sa part l'assurance que ce privilége vous sera accordé pour quinze années, si, lorsque vous aurez mis en pratique cette méthode, elle est trouvée par l'Académie des sciences véritablement utile à la navigation. Je vous invite à vous mettre promptement en devoir de profiter de cette grâce. Je suis bien aise de vous apprendre en même temps, qu'ayant cru devoir, en cette occasion, rendre compte au roi des ouvrages que vous avez donnés au public, M. le marquis de Monteynard, de son côté, à très-avantageusement parlé de vos services ; vous lui devez un remerciement.

« Je suis très-parfaitement, monsieur, votre, etc.

« Contrôlé à Paris, le 22 mai 1772 [6]. »

Armé de cette promesse, le comte d'Auxiron s'empresse de réunir et d'organiser une compagnie qui lui fournirait les fonds nécessaires à la construction de la machine et du bateau.

Follenai, son associé, son compagnon fidèle, était devenu lieutenant-colonel dans la légion de Flandre. Il détermine son colonel, le vicomte d'Harambure, son ami d'enfance, le comte de Jouffroy-d'Uzelles, chanoine de l'église métropolitaine de Lyon, et un ancien employé supérieur des douanes, Bernard de Bellaire, à se réunir à lui, pour fournir à d'Auxiron les sommes nécessaires à l'exécution de ses plans.

Grâce aux efforts de Follenai, la petite société financière prit une forme définitive. L'acte d'association fut conclu le 21 mai 1772. Il n'est pas sans intérêt, au point de vue historique, de consigner ici le contenu de cet acte, resté aux minutes de Me Boulet, notaire au Châtelet de Paris.

« Par devant les conseillers du roi, notaires au Châtelet de Paris, soussignés, sont présents : M. Joseph d'Auxiron, écuyer et capitaine à la suite de la légion de Lorraine d'une part ; M. Louis-Joseph de Jouffroy, comte d'Uzelles ; M. Henri de Cordoue, comte de Lyon, comme procureur de M. René-Charles vicomte d'Harambure ; M. Frédéric marquis d'Yonne, au nom et comme procureur de M. Ch.-F. Monnin de Follenai, et M. Jean-Denis Bernard... en parlement seigneur de Bellaire, lesquels ont dit : que le sieur d'Auxiron avait proposé de s'obliger à faire construire, sous ses yeux et d'après les plans qu'il en donnerait, une pompe à feu pour servir à remonter, sur toutes les rivières du royaume, des bateaux chargés de marchandises jusqu'à concurrence du poids de cent mille livres, avec moins de frais et plus d'allécité qu'on ne le fait actuellement avec le secours des hommes et des chevaux ; que pour former un pareil établissement il convenait de faire des fonds considérables ; les choses étant en cet état, lesdits messieurs se sont associés entre eux, aux charges et conditions qui vont être énoncées : 1° M. d'Auxiron s'oblige de donner tous ses soins et attentions pour faire construire sous ses yeux les machines qui seront nécessaires au commerce des rivières de la Seine, du Rhône, de la Loire et de la Garonne, et les douze premiers bâtiments de mer au mouvement desquels la machine pourrait être appliquée utilement, etc. [7] »

Aussitôt d'Auxiron se met à l'œuvre. En décembre 1772, il fait construire le bateau, près de l'île des Cygnes, à Paris.

En janvier 1773, la chaudière de la machine à vapeur est installée à bord et soumise aux épreuves nécessaires pour constater sa résistance.

Au mois de février, on place, dans le bateau, les deux roues, fixées sur un arbre commun.

Cependant, les bateliers de la Seine voyaient de mauvais œil le travail des associés. Il fallut établir, pendant la nuit, une garde militaire dans l'île des Cygnes, pour défendre le bateau, et lui éviter le parti funeste que, dans des circonstances toutes semblables, moins d'un siècle auparavant, les bateliers du Wéser avaient fait subir au bateau à vapeur de Papin.

Au mois d'avril, on pose sur la chaudière les cylindres de la machine à vapeur, et le 21 du même mois, le célèbre mécanicien Périer vient visiter le bateau.

Comme les dispositions des riverains semblaient toujours aussi suspectes, et que la malveillance des compagnies de transport n'était pas dissimulée, d'Auxiron se décida à quitter l'île des Cygnes. Il fit conduire le bateau près de Meudon.

Malgré d'assez longs retards, qu'explique suffisamment la nouveauté de ce genre de travail pour des ouvriers parisiens, l'installation de la machine à vapeur à bord du bateau était terminée, et tout s'apprêtait pour une expérience décisive, lorsqu'un événement déplorable vint terminer brusquement et cruellement l'entreprise.

Pendant une nuit du mois de septembre 1774, le bateau disparut. Il avait sombré en pleine rivière.

Un certain Bellery, commis principal, ainsi que ses ouvriers, soit par connivence avec les adversaires de l'entreprise, soit par maladresse, avaient laissé tomber brusquement, au fond du bateau, l'énorme contre-poids de la pompe à feu, qui pesait 130 livres. C'était vers la fin du jour, et les ouvriers se retiraient, ne laissant personne à bord. Cette énorme masse ouvrit le fond du bateau ; une voie d'eau s'y forma, et le malheureux pyroscaphe coula à fond dans la nuit. Les appareils mécaniques, la chaudière, tout fut altéré ou détruit par cette submersion fatale.

CHAPITRE PREMIER

Ce fut le coup de la mort pour l'entreprise, comme aussi pour l'inventeur.

La perte soudaine du bateau souleva, dans la Compagnie et au dehors, toutes sortes de suspicions, de contestations et de plaintes. On allait jusqu'à suspecter l'honneur et la probité du malheureux inventeur, qui repoussait ces reproches avec une indignation méritée. Les actionnaires, outrés de leur déconvenue, s'en prenaient même à Follenai. On parlait de le citer devant le conseil des maréchaux.

D'Auxiron et Follenai tenaient tête avec vigueur à cette opposition malveillante et cruelle. Le 17 juillet 1775, ils citaient devant les prévôts des marchands et échevins deParis, les actionnaires récalcitrants, pour s'entendre condamner à fournir la somme de 15 000 francs, nécessaire pour relever le bateau et remettre la machine en état.

Conformément à ces conclusions, un jugement fut rendu, un mois après, condamnant les actionnaires à verser la somme demandée.

Mais toutes ces luttes, toutes ces déceptions, avaient épuisé les forces de Joseph d'Auxiron qui, à peine âgé de quarante-sept ans, succomba, en 1778, à une attaque d'apoplexie.

La Société fut dissoute, au moins de fait. La somme de 14 000 francs, due aux ouvriers, dut être payée par Follenai et Jouffroy d'Uzelles. La dépense, pour la construction du bateau et de la machine à vapeur, avait été de 15 200 francs.

Voilà donc ce qui se passait, au moment où le marquis Claude Jouffroy-d'Abbans se proposait d'essayer l'emploi de la pompe à feu pour la navigation sur les rivières. Le projet qui l'occupait, avait déjà été soumis à une expérience sérieuse. Ainsi l'entreprise n'était pas à créer ; il n'y avait qu'à la reprendre, pour la sauver du naufrage qu'elle venait littéralement d'éprouver.

C'est ce qui arriva. Le marquis de Jouffroy et les héritiers d'Auxiron ne se connaissaient pas à cette époque. Follenai les mit en rapport.

« À la suite de l'entente qui s'établit entre eux, le ministre écrivit que, d'après le désistement de MM. d'Auxiron, qui avaient droit au privilége, il serait accordé à M. de Jouffroy, si sa méthode était jugée utile par l'Académie des sciences.

Louis Figuier

« Il intervint alors entre MM. de Jouffroy, de Follenai et les héritiers d'Auxiron, une société composée de vingt parts, dont trois pour les héritiers d'Auxiron ; le surplus fut réparti entre MM. de Jouffroy et de Follenai, à charge de pourvoir aux dépenses. Ensuite de ce traité, les héritiers d'Auxiron remirent à M. de Jouffroy, sur récépissé, les plans et devis du capitaine concernant : 1° les calculs relatifs à la pompe à feu ; 2° la charge dont les bateaux sont susceptibles ; 3° la dépense et les produits probables [8]. »

C'est alors, d'après le témoignage que nous venons de citer, que le marquis de Jouffroy se mit à l'œuvre ; c'est alors qu'il s'occupa, avec le secours de Follenai, de construire un pyroscaphe, et d'organiser une compagnie financière, pour subvenir aux dépenses de l'entreprise.

Follenai et le marquis de Jouffroy trouvèrent un puissant appui dans le marquis Ducrest.

Frère de madame de Genlis, colonel en second du régiment d'Auvergne, Ducrest était un des hommes les plus répandus dans la société du temps de Louis XVI. Il tenait à tout et s'occupait de tout. Il s'était consacré avec succès à l'étude des sciences exactes ; car il a écrit, sur la mécanique appliquée, un ouvrage qui lui ouvrit les portes de l'Académie des sciences. Il était versé dans les questions de politique et de finance, et il a publié sur ce sujet divers mémoires, qui, pour avoir excité la verve satirique de Grimm, n'en ont peut-être pas moins de valeur.

M. de Jouffroy ne pouvait rencontrer de protecteur plus utile à ses desseins que cet actif et remuant personnage, dont l'imagination s'allumait au contact de chaque idée nouvelle. Grâce à son zèle et à ses démarches, le projet de navigation par la vapeur du gentilhomme franc-comtois, ne tarda pas à être connu de tout ce que Paris renfermait d'hommes distingués dans les sciences, et bientôt une société financière se montra disposée à le mettre en pratique.

Une réunion fut tenue chez le marquis Ducrest, à l'effet de s'entendre sur les moyens d'exécution [9].

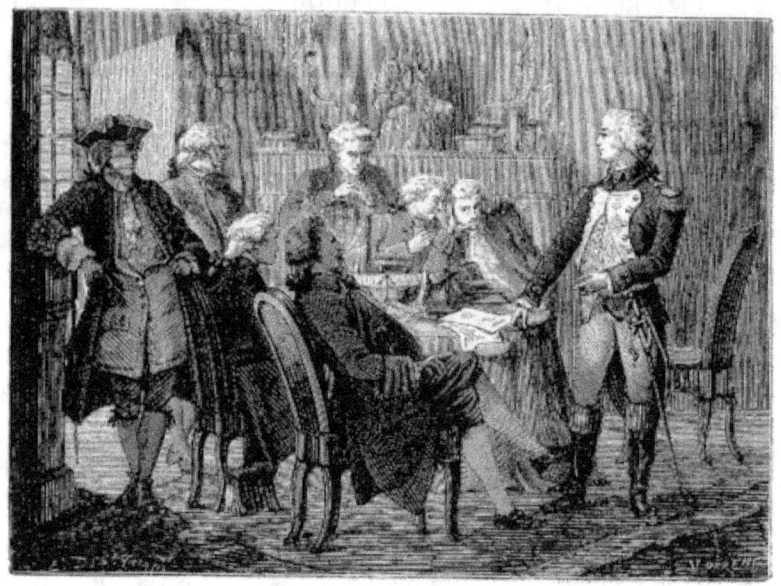

Fig. 82. — Réunion tenue chez le marquis Ducrest, pour
l'examen des plans du marquis de Jouffroy.

Parmi les personnes qui figuraient dans cette petite assemblée,
on remarquait Jacques Périer, le comte d'Auxiron et Follenai.
On tomba d'accord sur l'idée d'essayer le nouveau mode de
navigation ; mais on se divisa lorsqu'il fut question des moyens
de le mettre en œuvre. Périer présenta un projet qui différait de
celui de M. de Jouffroy, tant par le mécanisme à adapter au bateau,
que par la considération des résistances à vaincre et de la force
à employer. Il avait calculé ces éléments d'après l'expérience d'un
bateau remorqué par des chevaux, sur un chemin de halage. M. de
Jouffroy prétendait qu'il fallait considérer la résistance comme
trois fois plus forte, dès qu'on prenait le point d'appui sur l'eau, au
lieu de le prendre sur la terre.

La meilleure appréciation était évidemment du côté de M. de
Jouffroy, qui se plaçait encore au-dessous de la vérité. Aussi le
comte d'Auxiron, plus familiarisé avec cette question par une
expérience antérieure, se rallia-t-il à son projet. Follenai suivit cet

exemple ; mais Ducrest se prononça en faveur des idées de Périer.

Jeune et sans notabilité, M. de Jouffroy dut laisser le champ libre au célèbre mécanicien dont l'expérience et les talents faisaient autorité dans le monde des arts. Le plan de Périer obtint donc la préférence, et l'on décida que le bateau serait construit d'après ses vues.

Ce ne fut pas cependant sans une vive opposition de la part des dissidents. Le comte d'Auxiron, qui se mourait sur ces entrefaites, écrivait à M. de Jouffroy, à ses derniers moments : « Courage, mon ami ! vous seul êtes dans le vrai. » Et Follenai, enthousiaste de l'invention, colportait partout la souscription qui devait fournir les moyens de mettre en pratique le plan du marquis de Jouffroy.

L'exécution du projet de Périer ne tarda pas à justifier les craintes et les critiques qu'il avait suscitées dès le début. On en fit l'expérience sur la Seine, avec un petit bateau que Périer avait loué, et une machine de Watt à simple effet, qui n'était d'aucun usage dans ses ateliers. Par suite de ses calculs inexacts sur les résistances à vaincre, Périer avait été amené à donner au moteur la seule force d'un cheval ; le cylindre de sa machine à vapeur n'avait que 21 centimètres de diamètre. Il en résulta que le bateau put à peine surmonter l'effort du faible courant de la Seine [10].

La compagnie aux frais de laquelle l'expérience s'exécutait, abandonna immédiatement l'entreprise.

Cependant le marquis de Jouffroy était retourné dans sa province, plein de confiance dans la certitude de ses idées, et impatient de mettre à exécution le plan qu'il avait conçu.

Il y a dans la Franche-Comté, à cent lieues de Paris, entre Montbéliard et Besançon, une petite ville nommée Baume-les-Dames, assise sur la rive droite du Doubs. C'est là que le hardi inventeur entreprit de réaliser le projet qui venait d'échouer entre les mains du plus riche et du plus habile manufacturier de la capitale.

Ce n'était pas une pensée sans courage que de tenter l'exécution d'un projet de ce genre, au fond d'une province reculée, et dans un lieu dénué de toute espèce de ressources de fabrication. À une époque où l'art de construire les machines à vapeur était encore à naître parmi nous, il était impossible de songer à se procurer, dans la Franche-Comté, un cylindre alésé et fondu. Il n'y avait à Baume-les-Dames, qu'un simple chaudronnier : c'est à lui que M. de Jouffroy s'adressa pour construire le cylindre de sa machine. Ce cylindre, ouvrage d'art et de grande patience, était fait de cuivre battu ; il était poli au marteau à l'intérieur ; le dehors était soutenu par des bandes de fer reliées par des anneaux de même métal. Il ressemblait à ces canons de bois, fortifiés par des cercles métalliques, dont on fit usage dans les premiers temps de l'artillerie.

Fig. 84. — Le marquis de Jouffroy fait fabriquer au marteau, le cylindre de sa machine à vapeur, par le chaudronnier de Baume-les-Dames.

Le bateau qui fut construit sur les bords du Doubs, par le marquis de Jouffroy, n'avait pas de grandes dimensions ; il n'était long que de quarante pieds, sur six de large. Quant à l'appareil moteur destiné à tenir lieu de rames, il ressemblait beaucoup à ces rames articulées, à ce système *palmipède*, que Genevois avait décrit dans sa brochure publiée à Londres, en 1760, et dont il a été question plus haut. Des deux côtés du bateau, sortaient deux tiges de huit pieds de longueur, portant à leur extrémité, une sorte de châssis, formé de deux volets mobiles, comme nos persiennes, et plongeant à dix-huit pouces dans l'eau ; ce châssis décrivait un arc de trois pieds de corde et de huit pieds de rayon. Une machine de Watt à simple effet, installée au milieu du bateau, mettait en action ces rames articulées. Le mécanisme destiné à leur transmettre le mouvement, se composait d'une chaîne de fer attachée au piston et qui s'enroulait sur une poulie, pour venir se fixer à la tige du châssis. Lorsque la vapeur introduite dans le cylindre, soulevait le piston, un contre-poids placé à l'extrémité du châssis, ramenait celui-ci vers l'avant du bateau, et dans ces mouvements, les volets se refermaient d'eux-mêmes, par suite de la résistance du liquide. La condensation de la vapeur ayant opéré le vide dans l'intérieur du cylindre, la pression atmosphérique entraînait le piston jusqu'au bas de sa course, et par suite de la traction de la chaîne attachée au piston, la rame se trouvait ramenée avec force contre les flancs du bateau ; tandis que les volets mobiles s'ouvraient, de manière à offrir toute leur surface à la résistance du fluide.

Il est bon de remarquer ici que le système palmipède adopté par M. de Jouffroy, était le seul qui pût permettre d'appliquer avec quelque avantage la machine à simple effet à la propulsion des bateaux, car ce genre de machine ne produit d'effet utile que pendant la chute du piston ; aucune action mécanique n'a lieu, comme on le sait, lorsque le piston remonte. Le contre-poids attaché à l'extrémité du châssis plongeant dans l'eau, était l'analogue du contre-poids qui, comme on l'a vu (page 70), se trouve fixé à l'extrémité droite du balancier, pour faire basculer ce balancier. Le procédé adopté par M. de Jouffroy était donc le moyen le plus ingénieux et le plus simple de tirer parti de la machine à vapeur telle qu'elle existait à cette époque.

Le petit bateau du marquis de Jouffroy naviqua sur le Doubs, pendant les mois de juin et de juillet de l'année 1776.

Ces expériences suffirent pour faire reconnaître le vice du système palmipède. Une fois ramenés à l'avant du bateau, les volets à charnières, tirés par la chaîne du piston, devaient s'ouvrir d'eux-mêmes, par suite de la résistance du liquide. Au départ, ou quand la vitesse était médiocre, ils s'ouvraient, en effet, sans difficulté ; mais, lorsque le bateau avait acquis une certaine vitesse, la rapidité du courant les empêchait de se développer. Cet inconvénient était surtout prononcé quand on remontait le cours de la rivière ; en descendant il ne se manifestait que plus tard.

CHAPITRE PREMIER

Un tel défaut, il faut le dire, était loin d'être sans remède ; et de nos jours, le plus médiocre mécanicien eût trouvé moyen de l'annuler, en armant les volets de quelque pièce mécanique, qui les aurait forcés de s'ouvrir au moment utile, et sans qu'il fût nécessaire de compter, pour réaliser cet effet, sur la résistance de l'eau. Mais des procédés d'exécution, qui ne seraient qu'un jeu pour les mécaniciens de notre époque, apparaissaient alors comme des problèmes insolubles. M. de Jouffroy recula devant cette difficulté insignifiante. Au lieu de chercher à perfectionner le mécanisme de ses rames palmées, il abandonna entièrement ce système, pour adopter celui des roues à aubes ou à palettes.

L'application des roues à aubes à la navigation, était loin de constituer une idée nouvelle. La pensée de réunir sur une roue un certain nombre de rames, afin d'obtenir un emploi plus commode de la force motrice, remonte jusqu'à l'antiquité.

Les roues à palettes sont au nombre des machines très-anciennes dont Vitruve ne connaissait pas l'inventeur [11].

Il existe des médailles romaines qui représentent des navires de guerre (*liburnes*) armés de trois paires de roues, mues par des bœufs, et Pancirole, professeur de Padoue, qui en parle en 1587, prétend qu'elles surpassaient en vitesse les meilleures trirèmes [12].

D'après un manuscrit cité par M. de Montgery [13], il y aurait eu des roues à aubes tournées par des bœufs, à bord des radeaux qui transportèrent les Romains en Sicile, pendant la première guerre punique.

Un écrivain militaire du xve siècle, Robert Valturius, fait aussi mention de la substitution des roues à aubes aux rames ordinaires. Il donne, dans son ouvrage, les dessins, grossièrement exécutés, de deux bateaux munis de petites roues en forme d'étoiles, et composées de l'assemblage de quatre rayons placés en croix, réunis à un centre commun [14].

Enfin le petit bateau à vapeur que Papin construisit en 1707, pour essayer de descendre le Wéser, naviguait à l'aide de rames tournantes dont Papin avait emprunté l'idée à un petit bateau de plaisir appartenant au prince Rupert, qu'il avait vu fonctionner à Londres.

Un mécanicien, nommé Duquet, avait fait à Marseille et au

Havre, de 1687 à 1693, un grand nombre d'essais avec des rames tournantes, composées chacune de quatre rames courtes et larges, opposées deux à deux et placées en croix [15]. Ces expériences avaient produit en France beaucoup d'impression, et cette idée ne tarda pas à y être poursuivie. En 1732, le comte de Saxe présenta à l'Académie des sciences de Paris, le plan très-bien conçu, d'un bateau remorqueur ayant de chaque côté une roue à aubes, que faisait tourner un manége de quatre chevaux. « Ces roues, dit le comte de Saxe, faisant le même effet que les rames perpendiculaires, il s'ensuivra que la machine remontera contre un courant, et tirera après elle le bateau proposé [16]. » C'est à la suite de ce travail du comte de Saxe que l'Académie des sciences avait été amenée à mettre au concours la question des moyens de suppléer à l'action du vent, sur les navires.

L'emploi des roues à palettes dans la navigation n'avait donc rien de neuf dans son principe ; mais la difficulté consistait à faire mouvoir ces roues par l'action de la machine à vapeur à simple effet. Cette difficulté était considérable, en ce que cette machine, n'agissant que d'une manière intermittente, ne se prêtait qu'avec beaucoup de peine à produire un mouvement de rotation. On peut même dire que cette transformation du mouvement n'était point réalisable avec les conditions de régularité qu'il importait d'atteindre, et ce fut l'erreur du marquis de Jouffroy, d'abandonner le système palmipède, qui s'accommodait assez bien de la machine à simple effet, pour y substituer les roues à aubes. Cependant les moyens qu'il mit en usage pour atteindre ce but étaient bien conçus, et l'ingénieuse disposition qu'il adopta mérite d'être connue.

La machine à vapeur du marquis de Jouffroy avait deux cylindres. Au piston de chacun d'eux était fixé un anneau qui portait une chaîne de fer flexible, et les deux chaînes partant de chaque piston venaient s'enrouler sur un arbre unique destiné à faire tourner les roues. Les deux cylindres étaient placés l'un près de l'autre, avec un certain degré d'inclinaison, et ils communiquaient entre eux, à l'aide d'un large tube qu'une lame métallique, ou, comme on le dit aujourd'hui, un *tiroir*, pouvait parcourir, de manière à introduire la vapeur, selon son déplacement, dans l'un ou l'autre des deux cylindres.

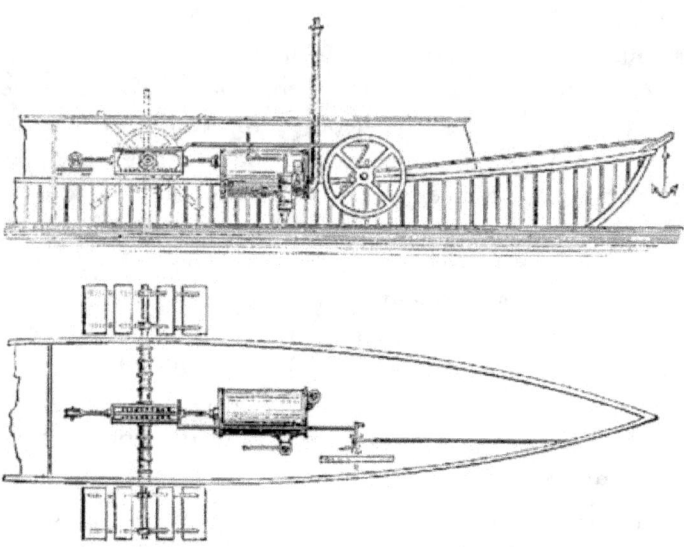

Fig. 85. — Mécanisme moteur du bateau à roues du marquis de
Jouffroy (coupe et élévation).

La figure 85 représente, en élévation et en coupe, cet appareil
moteur, d'après le dessin qui en a été donné par M. Léon Lalanne,
dans les figures qui accompagnent son article *Vapeur*, de
l'*Encyclopédie moderne* [17]. La roue placée à gauche, est celle qui
fait mouvoir le bateau. La roue, plus petite, qui se voit à droite,
était destinée à tirer, au moyen de la machine à vapeur, sur une
corde tenant à une ancre, que l'on aurait fixée solidement, en avant
du bateau, dans le cas, dit M. de Jouffroy : « où un pont, ou tout
autre ouvrage, ou une cause naturelle, aurait augmenté la vitesse
du courant, à tel point que le bateau n'eût pu la surmonter par le
moyen de la roue à aubes. »

Le procédé employé pour transmettre aux roues le mouvement
des deux pistons, était presque identique avec celui que Papin avait
proposé pour le même objet en 1690. M. de Jouffroy se servait
d'une double crémaillère à rochets, qui agissait constamment sur
une partie cannelée de l'arbre des roues ; les rochets supérieurs
cédaient lorsque les rochets inférieurs poussaient, ce qui imprimait
à l'arbre un mouvement de rotation, et empêchait l'action motrice
de se produire autrement qu'en avant.

Fig. 87. — Roue à rochets ou encliquetage destiné à mettre en action l'arbre des roues.

Cet *encliquetage,* selon le terme consacré, se voit dans la figure précédente, à une échelle supérieure à celle de la figure 85.

La machine à vapeur qui mettait en jeu ce mécanisme, présentait des dimensions considérables, puisque le piston avait vingt et un pouces de diamètre et une course de cinq pieds. Elle avait été construite à Lyon en 1780, dans les ateliers de MM. Frères-Jean. Le bateau qui reçut cette machine à vapeur, offrait aussi de très-grandes proportions. Il avait quarante-six mètres de long, sur cinq de large ; il atteignait donc à peu près les dimensions ordinaires des bateaux à vapeur qui naviguent aujourd'hui sur le Rhône ou le Rhin. Les roues de ce bateau avaient quatorze pieds de diamètre, les aubes étaient de six pieds de longueur et plongeaient à deux pieds dans la rivière. Le tirant d'eau du bateau était de trois pieds et son poids total de 327 milliers, 27 pour le navire et 300 de charge.

C'est dans la ville même de Lyon, sur les eaux de la Saône, que le marquis de Jouffroy exécuta les intéressants essais de ce premier pyroscaphe. Le courant très-faible de cette rivière, que César nomme pour cette raison *lentissimus Arar,* convenait parfaitement pour des expériences de ce genre.

Le succès de ces expériences fut complet. De Lyon à l'île Barbe le courant fut remonté plusieurs fois, en présence de milliers de témoins, étonnés de voir cet énorme bateau se mouvoir sur la rivière sans qu'un seul homme apparût sur le pont, et grâce à l'action de l'invisible machine enfermée dans ses flancs.

Le 15 juillet 1783, en présence de dix mille spectateurs qui se pressaient sur les quais, et sous les yeux des membres de l'Académie de Lyon, le bateau du marquis de Jouffroy remonta le cours de la Saône, qui dépassait alors la hauteur des moyennes eaux (fig. 86).

Un procès-verbal de l'événement et un acte de notoriété, furent dressés par les soins de l'Académie de Lyon [18].

Fig. 86. — Expérience du marquis de Jouffroy faite sur la Saône à Lyon, le 15 juillet 1783.

Comment une expérience aussi solennelle, aussi décisive, demeura-t-elle sans fruit pour l'inventeur, et sans résultat pour le pays qui en avait été le théâtre ? C'est ici qu'il faut exposer la fâcheuse série de circonstances qui eurent pour effet d'annuler, entre les mains du marquis de Jouffroy, sa belle découverte ; c'est ici qu'il faut montrer le triste revers de l'effigie brillante qui vient d'être présentée.

Le succès de son système de navigation une fois constaté par une expérience publique, le marquis de Jouffroy s'occupa de réunir une compagnie financière, dans la vue d'établir sur la Saône, un service de transports réguliers, et de continuer en même temps, les nouvelles expériences qu'il était nécessaire de poursuivre.

Pour atteindre ce double but, la première condition à remplir, c'était de construire un nouveau bateau, car celui qui venait de servir aux expériences, était entièrement hors de service. Les minces feuillets de sapin qui formaient sa coque et ses bordages, ne pouvaient être conservés pour un bateau destiné à un usage quotidien. Sa chaudière avait été fort mal exécutée, ce qui n'étonnera guère, si l'on réfléchit à ce que l'on pouvait faire en ce genre en 1780 et dans une ville de province. Depuis la dernière expérience, elle était percée sur divers points et ne retenait plus la vapeur.

Mais, avant de construire un bateau neuf et de commencer une exploitation sérieuse, la compagnie exigea d'être mise en possession d'un privilége de trente ans. L'autorité royale pouvait seule concéder cette faveur ; on s'adressa donc à M. de Calonne.

L'inconsistance et la légèreté de ce ministre apparurent ici dans tout leur jour. Pour accorder à M. de Jouffroy le privilége qu'il sollicitait, il suffisait de posséder la preuve authentique de la nouveauté de son invention. Or, les faits parlaient haut sous ce rapport. Personne n'ignorait que rien de semblable à ce qui s'était vu à Lyon, ne s'était encore produit sur aucun point du monde. L'importance extrême de la question, l'avenir et l'intérêt du pays, commandaient donc, autant que la justice, de faire droit sans retard à la requête de l'inventeur. M. de Calonne en jugea autrement. Il voulut consulter l'Académie des sciences pour savoir s'il y avait invention.

De son côté, l'Académie outre-passa les vues du ministre, car elle prétendit décider, outre le fait de l'invention, la valeur même des procédés pratiques mis en usage.

L'abbé Bossut, Cousin et Périer furent nommés commissaires du *Mémoire sur les pompes à feu*, adressé par M. de Jouffroy. Périer et Borda furent spécialement désignés pour l'examen du pyroscaphe.

Ainsi M. de Jouffroy trouvait pour juge celui qui avait été son rival dans la question même qu'il s'agissait d'examiner.

L'Académie des sciences de Paris était fort loin, à cette époque, des habitudes de convenance et de mesure qui la distinguent aujourd'hui. Une discussion orageuse s'éleva dans son sein, à propos de la prétention d'un gentilhomme obscur, que peu de savants connaissaient et qui n'était d'aucune Académie. Le témoignage de dix mille personnes qui avaient assisté à l'expérience, le sentiment des académiciens de Lyon, les calculs et les assertions de l'auteur, tout cela fut compté pour rien. L'Académie répondit au ministre, qu'avant d'accorder le privilége sollicité par M. de Jouffroy, il fallait exiger que ce dernier vînt répéter ses expériences sur la Seine, en faisant marcher, sous les yeux des commissaires de l'Académie, un bateau du port de 300 milliers.

Fig. 88. — Jacques-Constantin Périer.

Ainsi la science ne voulait accueillir un résultat constaté à Lyon qu'après l'avoir vu se reproduire à Paris.

M. de Jouffroy, confiant dans le succès d'une expérience authentique, exécutée sous les yeux de dix mille spectateurs, avait jugé inutile d'aller suivre à Paris une affaire aussi simple. Il attendait donc, dans une tranquillité parfaite, la délivrance de son privilége, lorsqu'il reçut du ministre la lettre suivante :

VERSAILLES, le 31 janvier 1784.

« Je vous renvoie, Monsieur, l'attestation du succès qu'a eu à Lyon la pompe à feu par laquelle vous vous proposez de suppléer aux chevaux pour la navigation des rivières, ainsi que d'autres pièces que vous m'avez adressées, jointes à votre requête tendante à obtenir le privilége exclusif, pendant un certain nombre d'années, de l'usage des machines de ce genre. Il a paru que l'épreuve faite à Lyon ne remplissait pas suffisamment les conditions requises ; mais si, au moyen de la pompe à feu, vous réussissez à faire remonter sur la Seine, l'espace de quelques lieues, un bateau chargé de 300 milliers, et que le succès de cette épreuve soit constaté à Paris d'une manière authentique, qui ne laisse aucun doute sur les avantages de vos procédés, vous pouvez compter qu'il vous sera accordé un privilége limité à quinze années, ainsi que vous l'a précédemment marqué M. Joly de Fleury.

Je suis bien sincèrement, Monsieur, votre très-humble et très-obéissant serviteur.

« DE CALONNE. »

En lisant cette lettre, M. de Jouffroy comprit qu'il devait abandonner tout espoir. Il avait consacré ses dernières ressources à la construction de son bateau de Lyon, et onlui demandait d'aller répéter à ses frais, les mêmes expériences à Paris. Il était évident qu'il n'avait plus rien à attendre, et que son antagoniste Périer venait, pour employer une expression du jour, d'enterrer sa découverte.

Il n'éleva ni récriminations ni plaintes, et se borna, pour toute réponse, à expédier à Périer un modèle au vingt-quatrième du bateau de Lyon.

Nul n'a jamais su ce que cette pièce est devenue.

D'après le marquis de Bausset-Roquefort, le bateau du marquis de Jouffroy « continua de naviguer sur la Saône pendant seize mois et fut ensuite abandonné [19]. »

D'autres circonstances vinrent encore ajouter aux difficultés qui arrêtèrent M. de Jouffroy dans l'exécution de sa belle entreprise. Au siècle dernier, la noblesse provinciale faisait fort peu de cas des sciences, et surtout de l'industrie. Les préjugés de ce genre n'étaient nulle part plus enracinés que dans la Franche-Comté. Aussi M. de Jouffroy rencontrait-il dans sa famille et chez ses amis, une hostilité continuelle. L'ignorance, qui tenait alors le sceptre des salons, lançait contre lui les traits du ridicule, qui tue en France et blesse en tout pays. On ne le désignait dans sa province, que sous le sobriquet de *Jouffroy la Pompe* ; et quand le bruit de ses essais parvint jusqu'à Versailles, on se disait à la cour, en s'abordant : « Connaissez-vous ce gentilhomme de la Franche-Comté qui embarque des pompes à feu sur des rivières ; ce fou qui prétend faire accorder le feu et l'eau ? »

Survinrent les premiers événements de la Révolution française. Le marquis de Jouffroy nourrissait d'ardentes convictions royalistes ; il fut des premiers à embrasser le parti de l'émigration. Il quitta la France en 1790.

Une fois à l'étranger, il se trouva jeté au milieu de circonstances qui le détournèrent forcément de ses travaux. Il entra dans l'armée de Condé, et fut placé dans la section d'artillerie de la légion du comte de Mirabeau ; puis il commanda la 2me compagnie de chasseurs nobles. Il prit part aux vaines tentatives qui furent essayées, sous le Directoire et sous l'Empire, pour le rétablissement des Bourbons.

Finalement, la France, qui, au temps de Papin, avait laissé tomber de ses mains la découverte de la vapeur, perdit encore cette fois l'occasion et l'honneur de l'une des plus importantes applications de cette invention féconde [20].

L'abandon que le marquis de Jouffroy fit, vers, 1789, de son projet de navigation par la vapeur, était d'autant plus regrettable, qu'au moment même où il renonçait à le poursuivre, les obstacles qu'il avait rencontrés jusqu'à cette époque, allaient s'évanouir devant le génie de Watt. Si l'on a bien compris les difficultés qui empêchaient d'appliquer la machine à vapeur à simple effet à la navigation, on sentira tout de suite que la découverte de la machine à double effet permettait d'en triompher. En créant cette machine, d'où il excluait toute intervention de la pression atmosphérique ; en imaginant avec le parallélogramme, la manivelle, le régulateur à force centrifuge, etc., des moyens parfaits pour transmettre et régulariser l'impulsion de la vapeur, Watt était parvenu à donner au mouvement de rotation de l'axe moteur une égalité, une régularité admirables. La difficulté qui avait empêché jusque-là d'appliquer la vapeur à la navigation se trouvait ainsi aplanie, et il suffisait, pour tenter avec confiance l'essai de ce nouveau système, d'installer à bord d'un bateau, une machine à condensation et à double effet, en l'accommodant, par des modifications et des dispositions spéciales, à l'objet nouveau qu'elle devait remplir.

Cette application si importante de la puissance de la vapeur, ne fut pourtant réalisée ni en Angleterre, où avaient pris naissance les plus remarquables perfectionnements de la machine à feu, ni en France, où s'étaient exécutés les premiers et les plus brillants essais de ce nouveau procédé de navigation. Elle devait s'accomplir sur le sol de la jeune Amérique, dans ces immenses et heureuses régions nouvellement écloses au soleil des sciences et de la liberté.

Mais avant de suivre dans le nouveau monde le développement et les progrès de la navigation par la vapeur, il est indispensable de faire connaître quelques tentatives intéressantes faites dans le même but en Écosse, à la fin du siècle dernier.

CHAPITRE II

ESSAIS DE NAVIGATION AU MOYEN DE LA VAPEUR FAITS EN ÉCOSSE, EN 1789, PAR PATRICK MILLER, JAMES TAYLOR ET WILLIAM SYMINGTON.

Patrick Miller était un gentilhomme anglais qui consacrait une grande fortune à des recherches et expériences sur les constructions maritimes. D'un esprit ingénieux et tourné aux découvertes, il avait réalisé quelques améliorations dans l'art de construire les vaisseaux, et lancé dans les chantiers de l'Écosse, plusieurs navires ou bateaux de formes nouvelles. Il s'était occupé aussi de recherches sur l'artillerie. En 1786, il avait imaginé un *double-vaisseau*, composé de deux bateaux accolés, qu'il destinait à la mer et aux fleuves. Il fondait sur cette dernière invention de grandes espérances.

À cette époque, James Taylor, jeune homme intelligent et instruit, fut appelé dans la famille de Patrick Miller, comme précepteur des enfants. Initié aux travaux et aux recherches de Miller, il les suivit, d'abord par simple curiosité ; mais il y prit bientôt un intérêt et un rôle plus actifs.

Patrick Miller, qui venait de construire, à titre d'essai, un de ses *doubles-bateaux* de petites dimensions, destiné à naviguer sur les rivières, avait fait, à cette occasion, un pari contre un M. Wedell, gentilhomme du voisinage, résidant à Leith, et qui possédait un bateau d'une grande vitesse. Le jour étant pris pour cet essai comparatif, James Taylor accompagna Patrick Miller, pour lui prêter son aide dans cette petite lutte d'expérience et de plaisir.

Le *double-bateau* de Patrick Miller avait soixante pieds de long ; il était mis en mouvement par deux roues placées à ses flancs et manœuvrées par quatre hommes.

M. Wedell, qui dirigeait son propre bateau, eut le dessous dans cette lutte de vitesse.

Jeune et vigoureux, James Taylor, pendant cette petite excursion, s'était mis à manœuvrer les roues, avec les quatre hommes du bord. La besogne lui parut rude ; et cette circonstance lui donna la conviction que si l'emploi des roues sur les bateaux avait des avantages manifestes, il fallait, de toute nécessité, pour en tirer un grand profit, disposer d'une force supérieure à celle du travail des hommes. Il essaya de faire partager cette opinion à Patrick Miller, assurant que les roues ne pourraient rendre de grands services pour remplacer les rames, que quand on les mettrait en action par une force mécanique considérable, et d'une intensité supérieure à celle du travail humain.

Patrick Miller ne partageait point l'avis du jeune précepteur. Il espérait qu'un cabestan, bien disposé et manœuvré par des hommes, suffirait pour employer avec succès, les roues sur les bateaux et les navires.

Cependant il n'était pas entièrement satisfait de ce moyen, et cherchait quelque autre puissance mécanique susceptible de fonctionner facilement à bord d'un bateau. Il engagea James Taylor à réfléchir à ce sujet.

« Si vous voulez, lui dit-il, me prêter le secours de votre tête, nous trouverons peut-être l'agent de force mécanique que je cherche et qui m'est nécessaire. »

Après avoir passé en revue tous les systèmes mécaniques connus à cette époque, James Taylor s'arrêta à l'idée d'employer la vapeur comme force motrice.

« C'est un moyen puissant, répondit Patrick Miller ; mais j'entrevois de grandes difficultés dans son installation sur un bateau de rivière, et de grands dangers pour son emploi à bord des navires. Songez à l'incendie que peut provoquer le foyer d'une telle machine ! Supposez que le feu vienne à s'éteindre, par un coup de mer, au moment d'entrer dans le port ; un navire, près de la côte et aux approches des écueils du rivage, serait exposé à périr, par l'absence de toute force motrice. »

Ces objections n'agissaient que faiblement sur l'esprit du jeune précepteur, qui en revenait toujours à son idée de faire usage de machine à feu, sinon peut-être à bord des navires, au moins sur les rivières et les canaux.

Patrick Miller finit par se rendre à ses raisons.

« Eh bien ! dit-il, la chose mérite un essai. Concevez et soumettez-moi quelque projet d'appareil mécanique propre à transmettre aux roues du bateau les mouvements du balancier d'une machine à vapeur. »

James Taylor traça alors le plan d'un appareil destiné à faire tourner les roues d'un bateau, au moyen d'une machine à vapeur. Miller s'en montra satisfait

« À notre premier voyage à Édimbourg, dit-il, nous soumettrons ce projet à un constructeur d'appareils mécaniques, et si le prix de la machine n'est pas trop élevé, nous la ferons exécuter, pour l'essayer sur la pièce d'eau. »

Ceci se passait à Dalswinton, terre de Patrick Miller, pendant l'été de 1787. Miller concevait sans doute à cette époque, quelque espoir de la réussite de ce projet, car, ayant publié, en 1787, un mémoire relatif à une nouvelle disposition des navires, il fit mention, dans le cours de ce travail, de la possibilité d'employer la vapeur comme moyen de propulsion des vaisseaux.

Au mois de novembre 1787, Patrick Miller ayant quitté sa terre de Dalswinton, pour aller passer l'hiver à Édimbourg, s'occupa, dès son arrivée dans la capitale de l'Écosse, de l'exécution de la machine proposée par James Taylor.

Un jeune ingénieur, nommé William Symington, attaché à l'exploitation des mines de plomb de Wanlockhead, venait tout récemment d'inventer une disposition nouvelle de la machine à vapeur, différant de celle de Watt par la situation du condenseur, qui se trouvait à la partie supérieure de l'appareil ; cette modification avait été assez favorablement accueillie. La machine à vapeur de Symington parut à James Taylor très-convenable pour ce qu'il avait en vue.

Symington, qui était arrivé à Édimbourg, sur ces entrefaites, fut présenté par lui, à M. Miller, qui lui exposa son désir. L'ingénieur écossais prit aussitôt l'engagement de construire une machine à vapeur propre à être installée sur un bateau, et il fut convenu que l'essai en serait fait l'été suivant, sur la pièce d'eau de Dalswinton.

À l'époque fixée, la machine étant construite, James Taylor la fit transporter à Dalswinton, et bientôt, c'est-à-dire au mois d'octobre 1788, Symington arriva lui-même, pour assembler les pièces de la machine et l'installer sur un élégant petit bateau, destiné à l'expérience.

Fig. 89. — Expérience de Miller, Taylor et Symington faite, en 1789, sur la pièce d'eau de la terre de Dalswinton.

On procéda, peu de jours après, sur la pièce d'eau de Dalswinton, à cet intéressant essai. Le bateau qui reçut la machine, avait 27 pieds anglais de long sur 7 de large. Le cylindre de la machine à vapeur était de 4 pouces de diamètre, et d'environ deux chevaux de force.

L'expérience réussit. Le bateau avançait avec une vitesse de 5 milles à l'heure. On s'amusa pendant quelques jours, de ce bateau et de sa machine, qui fut ensuite séparée de l'embarcation, et transportée au logis de Patrick Miller [21].

Satisfait de ce premier essai, Miller se décida à faire construire la même machine sur un plus grand modèle, afin de l'essayer sur le canal de Forth et Clyde.

Au printemps de 1789, il se rendit donc, avec Symington, à l'usine de Carron, dirigée alors par Boulton et Watt, pour y commander une machine à vapeur destinée à cet usage. En même temps, on s'occupa de faire construire le bateau qui devait servir à l'expérience.

Le bateau et la machine étant terminés, on les amena de l'usine de Carron au canal de Forth et Clyde, où devait se faire l'expérience. James Taylor, qui fit transporter le bateau, était accompagné d'ingénieurs que les chefs de l'usine de Carron avaient envoyés, pour être renseignés exactement sur le résultat de cette tentative.

Voici quelle était la disposition de la machine que Symington avait fait construire pour le bateau de Miller. Deux cylindres à vapeur dont le piston avait 18 pouces de diamètre, étaient placés sur le pont même du bateau, et apparents à l'extérieur. Aux tiges verticales de ces pistons étaient attachées des chaînes de fer, qui, par le mouvement d'ascension et d'abaissement de ces tiges, s'enroulaient autour d'une large poulie, et, se réfléchissant sur la gorge de cette poulie, allaient faire tourner chacune, l'axe de l'une des roues du bateau.

La figure 90 montre ces dispositions. On y voit les deux cylindres à vapeur, la poulie qui les surmonte, et les deux chaînes qui vont faire tourner l'axe des deux roues.

Ce système était vicieux en raison de la difficulté pratique que présente le déroulement continuel d'une chaîne de fer comme moyen de transmission de la force. Aussi les essais qui furent faits par Symington, en décembre 1789, en présence de Patrick Miller et des ingénieurs de l'usine de Carron, furent-ils de tous points défavorables.

Le premier jour, les palettes des roues du bateau se rompirent pendant la marche. On les construisit avec plus de solidité, et l'on reprit les mêmes essais, peu de jours après. Mais ce furent alors les chaînes qui se brisèrent, par l'action inégale et saccadée de la vapeur.

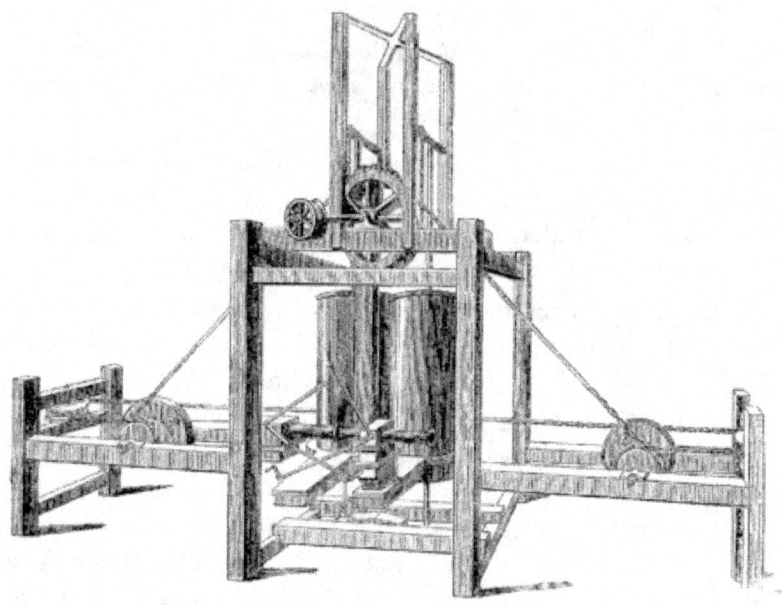

Fig. 90. — Mécanisme moteur du bateau à vapeur de Miller, Taylor et Symington.

En résumé, cet essai échoua complétement.

À la suite de ces résultats défavorables, Miller, dégoûté de l'entreprise, ordonna de démonter le bateau, et de renvoyer la machine à l'usine de Carron, pour essayer de s'en défaire.

La lettre suivante adressée par Patrick Miller à James Taylor, le 7 décembre 1789, prouve suffisamment qu'il considérait son projet comme avorté.

« Mon cher Monsieur,

« Je suis de retour chez moi depuis la nuit dernière, et vous pouvez aisément vous imaginer que j'ai été bien préoccupé de ce qui s'est passé mercredi et jeudi à Carron. Je suis maintenant convaincu que la machine à vapeur de M. Symington serait la plus impropre de toutes les machines à vapeur pour imprimer le mouvement à un bateau, et que cet ingénieur n'a nullement su calculer le frottement, ni tenir compte de l'intensité de la force mécanique.

« Je ne doute pas qu'en construisant plus solidement les roues à palettes et avec un pignon d'un diamètre double, on n'augmentât la rapidité du bateau. Mais quoi qu'on fasse avec l'appareil de M. Symington, la plus grande partie de la force sera perdue par les frottements. Je me rappelle fort bien que lorsque la machine fut essayée à Dalswinton, sur notre petit bateau, j'avais eu les mêmes appréhensions sur la valeur de cette machine, et que je vous en fis la remarque ; mais n'ayant pas étudié le sujet, je mis de côté mon propre sens commun et vous laissai agir.

« Maintenant le mal est sans remède. Comme cette machine ne peut à présent être d'aucun usage pour moi, j'espère qu'avec l'aide de M. Tibbets et de M. Stainton, vous trouverez à la vendre avant de quitter l'usine de Carron. Je désire apprendre bientôt ce qu'il en sera. Sachez bien que les chaînes de fer de la machine qui se brisèrent dans les deux expériences successives que nous en fîmes, se briseraient encore si on ne leur donnait pas plus de force, et que ce fut une folie extrême de ne pas comprendre tout de suite que leur résistance n'était pas suffisante pour soutenir l'effort des autres parties de la machine.

« P. MILLER. »

L'opinion de Patrick Miller lui-même sur la valeur de l'expérience que nous venons de rapporter, ne peut être mise en doute d'après cette lettre. Miller déclare la machine de Symington la plus impropre de toutes les machines à vapeur pour imprimer le mouvement à un bateau, et il s'accuse d'avoir mis de côté le « sens commun, » en consentant à l'essayer. Il est certain que l'emploi de chaînes de fer pour mettre en mouvement l'arbre des roues du bateau, était une conception très-vicieuse ; et que la machine ainsi construite, n'aurait jamais pu fonctionner.

Après l'essai qu'il fit, en 1789, de la machine de Symington, Patrick Miller renonça complétement à s'occuper de la navigation par la vapeur. Il donna tous ses soins à de vastes entreprises d'exploitation agricole, qui l'absorbèrent jusqu'à la fin de sa vie.

Quant à James Taylor, ses fonctions de précepteur étant accomplies, il quitta, en 1791, la maison de Patrick Miller, qu'il ne revit, depuis cette époque, qu'en de rares occasions. De son côté, Taylor lui-même ne s'occupa pas davantage de cette question, bien qu'il eût formé, avec Symington et quelques particuliers, une société pour l'exploitation de cet appareil de navigation à vapeur.

S'il fallait fournir une autre preuve du peu de valeur que Patrick Miller reconnaissait à ses expériences sur la navigation par la vapeur, il nous suffirait de dire que, postérieurement aux essais que nous venons de rapporter, il prit un brevet pour un moyen nouveau d'imprimer une impulsion aux navires ; et que dans ce brevet il ne spécifiait point l'emploi de la vapeur comme force motrice, mais bien un moteur d'une autre nature. Dans un brevet pris le 3 mai 1796, c'est-à-dire sept ans après son expérience à Dalswinton, il décrit avec beaucoup de détails « un bateau de construction nouvelle, tirant moins d'eau qu'aucun autre de même dimension, ne pouvant sombrer en mer, et qui est mis en mouvement dans les temps calmes par un moyen mécanique qui n'a jamais été employé. Ce vaisseau est à fond plat... Il est mû par des roues ; ces roues sont manœuvrées par des cabestans ; elles ont huit aubes faites en planches, et sont mues par la main des hommes ou tout autre moyen mécanique. »

Ainsi, dans son brevet obtenu sept ans après l'expérience du bateau de Symington, Miller en revenait à l'emploi des roues mises en mouvement par le travail des hommes. Ce fait témoigne suffisamment qu'il n'ajoutait aucune confiance à l'idée de l'emploi de la vapeur à bord des navires. Il n'eût pas manqué, sans cela, de spécifier ce moyen, et de consigner, dans ce dernier brevet, les tentatives faites par lui dans cette direction.

Avec d'autant plus de raison, ajouterons-nous, qu'il était intéressé dans l'association que Taylor avait créée avec quelques particuliers, pour appliquer la machine de Symington à la propulsion des bateaux. Or, dans ce brevet, il ne fait pas même mention, nous le répétons, de l'existence de ce moyen de propulsion des navires, à la création duquel il avait pourtant lui-même activement contribué.

La machine de Symington, telle qu'elle fut imaginée et construite par cet ingénieur, en 1789, était essentiellement imparfaite. L'emploi des chaînes attachées à la tige du piston à vapeur était le principal de ses défauts. Il était impossible de l'employer dans la pratique. Mais Symington perfectionna plus tard son œuvre, et comme nous le dirons plus loin, douze ans après, il avait transformé avec bonheur ce premier et insuffisant appareil. En 1801, l'ingénieur écossais installait sur un bateau, une machine à vapeur de dispositions parfaites, et qui ne fut pas consultée sans profit par Fulton.

Mais avant d'entrer dans le récit de ces faits, nous devons nous transporter en Amérique, pour y assister aux débuts et aux premiers progrès de la grande invention que nous essayons de raconter.

CHAPITRE III

LES PRÉCURSEURS DE FULTON EN AMÉRIQUE. — JOHN FITCH ET JAMES RUMSEY.

Après huit ans de guerre, l'acte du 5 septembre 1783 venait de proclamer l'affranchissement de l'Amérique. La bravoure de Washington et la sagesse de Franklin avaient fondé l'indépendance des États de l'Union. Les arts de la paix, les bienfaits de l'industrie, devaient bientôt rendre fructueuse la grande tâche accomplie par le succès des armes américaines. Mais la situation topographique de ces contrées offrait de grands obstacles à l'établissement des relations du commerce. Les États-Unis, avec leur territoire immense, dont l'étendue dépasse de beaucoup la moitié de l'Europe, avec leur population très-faible encore et disséminée sur tous les points, dépourvus de tout système de bonnes routes, et sillonnés par de grands fleuves dont les rives, couvertes de forêts épaisses, sont inaccessibles au halage, ne pouvaient se contenter des moyens de transport usités dans l'ancien monde. L'essor du commerce menaçait donc de s'y trouver promptement arrêté par l'insuffisance des voies de communication entre l'intérieur et l'Océan.

Les fleuves qui traversent le pays, les lacs immenses qui le bornent au nord, les golfes et les baies qui dessinent ses côtes méridionales, auraient pu sans doute fournir des moyens peu coûteux de communication ; mais enfermés dans les terres, et protégés ainsi contre l'action des vents, les golfes de l'Amérique n'offrent qu'un moyen assez lent de navigation, et les bords vaseux de ses fleuves, les forêts qui les hérissent, rendent impraticables les procédés du halage. En outre, le Mississipi et ses branches innombrables sont inaccessibles, dans une grande partie de leur cours, à toute espèce de navires à voiles ou à rames, en raison de la rapidité des courants. C'est ainsi que les bateaux plats qui descendaient ce grand fleuve, mettaient plus d'un mois à se rendre de l'ouest à la Nouvelle-Orléans, où ils étaient tous démolis, faute de pouvoir, même avec des voiles, retourner à leur point de départ.

Il est donc facile de comprendre de quelle importance devait être pour l'Amérique la navigation par la vapeur, qui, sur les fleuves, dispense de tout moyen de halage, et triomphe de la rapidité des cours d'eau, et qui, sur les mers, n'a point d'impulsion à demander aux vents, ni de retards à essuyer du calme ou des tempêtes. La vapeur eût-elle été inutile au reste du globe, il aurait fallu l'inventer tout exprès pour ces vastes contrées.

Aussi, dès que la machine à double effet fut inventée par James Watt en Angleterre, on essaya, aux États-Unis, de l'appliquer à la navigation.

La machine à vapeur à double effet fut rendue publique en 1781, et ce fut en 1784 qu'elle reçut les perfectionnements qui la rendirent susceptible de transmettre un mouvement de rotation parfaitement régulier. Dans cette année même, en 1784, deux constructeurs américains, John Fitch et James Rumsey, exposaient au général Washington le résultat de leurs travaux.

Rumsey se présenta le premier ; mais Fitch se trouva avant lui, en état de faire l'essai de son système, sur une échelle d'une grandeur suffisante.

L'appareil moteur que Fitch mit en usage, et qu'il présenta dès l'année 1785, à la *Société philosophique de Philadelphie*, se composait de rames ordinaires mises en mouvement par la vapeur. Fitch avait fixé toutes les rames à une règle de bois horizontale, qui était poussée par l'arbre de la machine à vapeur. Ainsi mises en mouvement, elles agissaient à la manière des rames ordinaires ; seulement la force des hommes était remplacée par celle de la vapeur.

Fitch décrivait comme il suit, le 1ᵉʳ décembre 1786, dans un journal de Philadelphie, *le Columbian Magazine*, le mécanisme de son bateau :

« Le cylindre à vapeur, dit-il, est horizontal, et la vapeur agit avec une force égale alternativement à chaque bout. Le mode par lequel j'obtiens ce que l'on nomme le vide est, je crois, entièrement neuf, ainsi que la méthode d'y injecter de l'eau, et de la rejeter dans l'atmosphère sans aucun frottement. On compte que le cylindre qui aura 12 pouces de diamètre aura une force effective de onze à douze cents livres tout frottement déduit. Cette force sera dirigée contre une force de 18 pouces de diamètre. Le piston aura une course d'environ 3 pieds et chacune de ses vibrations donne à l'axe de la roue 40 révolutions. Chaque tour de la roue fait agir 12 rames (fig. 91) ou plutôt 12 pagaies, avec une course de 5 pieds 6 pouces. Elles agissent perpendiculairement et représentent le mouvement de la pagaie d'un canot. Lorsque six de ces pagaies quittent l'eau, six autres pagaies s'y plongent, et les deux jeux de ces pagaies ont une course d'environ 11 pieds par chaque tour de la roue. La manivelle de l'axe de la roue agit sur les pagaies à environ un tiers de leur longueur à partir de leur bout inférieur, sur laquelle partie des pagaies, la force entière de l'axe est appliquée. La machine à vapeur est placée dans le fond de l'embarcation, à environ un tiers à partir de l'arrière, et son action et sa réaction tournent la roue du même côté. »

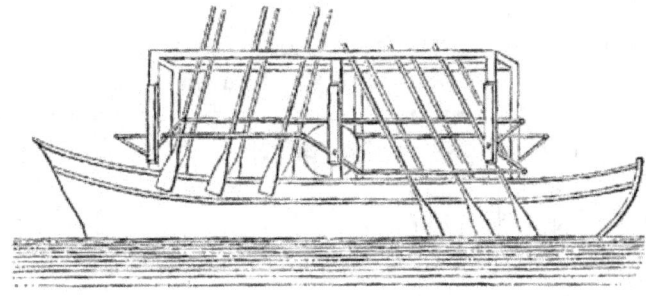

Fig. 91. — Bateau de Fitch.

La figure ci-dessus est la reproduction exacte du croquis qui accompagnait la lettre de Fitch publiée par *le Columbian Magazine*. La règle horizontale sur laquelle sont fixées les rames, était mue par la tige du piston de la machine à vapeur, qui se déplaçait horizontalement.

Ayant construit son bateau, Fitch s'occupa d'en faire l'expérience sous les yeux du public.

Cette expérience se fit avec quelque solennité, sur la Delaware, pendant l'été de 1787.

Washington et Franklin, les deux immortels fondateurs de la république américaine, étaient à bord du bateau, ainsi que plusieurs membres du Congrès. Ces deux grands hommes qui avaient rendu l'indépendance à leur patrie, ne perdaient aucune occasion de rechercher, d'encourager le progrès matériel et moral, moyen efficace de consolider l'œuvre de leur patriotisme et de leur génie.

Le bateau de Fitch remonta parfaitement le cours du fleuve, contre la marée. Il parcourut plus d'un mille en moins de quatre heures. En tenant compte de la vitesse contraire de la marée, on constata que le bateau avait marché à raison de cinq milles et demi par heure. Pour un début, ce résultat était remarquable.

Washington, Franklin et les autres membres du Congrès, qui avaient assisté à l'expérience, délivrèrent à Fitch des certificats et des témoignages de satisfaction les plus favorables.

Sur la foi de ce succès, une compagnie se forma à Philadelphie, pour mettre en pratique et perfectionner l'invention de Fitch.

Franklin était à la tête de cette compagnie, avec le docteur Rittenhouse. Ce Rittenhouse, alors savant astronome, avait commencé par labourer la terre. Il avait révélé sa vocation scientifique, en traçant sur sa charrue des figures géométriques, en exécutant les horloges de bois et un télescope à miroir, le premier qui ait été vu en Amérique.

En 1788, John Fitch obtint du gouvernement des États-Unis, un privilège pour l'exploitation exclusive, pendant quatorze ans, de la navigation à la vapeur, dans cinq États : la Virginie, le Maryland, la Pensylvanie, New-Jersey et New-York. En même temps, une souscription abondante vint encourager une invention que chacun accueillait avec la plus sympathique espérance. Les habitants de l'ouest, en particulier, offrirent à l'inventeur une somme considérable en tabac. Ceux du Mississipi et de l'Ohio s'associèrent aussi généreusement, à la même souscription.

Soutenu par ce concours général, comprenant les devoirs qui en résultaient pour lui, Fitch entreprit la construction d'une galiote à vapeur, qu'il voulait consacrer à un service de transports entre Philadelphie et Trenton, villes séparées l'une de l'autre par une distance de quatre à cinq milles.

Mais les difficultés commencèrent lorsqu'il fallut construire le mécanisme à vapeur destiné à la galiote.

La machine à vapeur dont on avait fait usage dans l'expérience sur la Delaware, était de petite dimension. Les embarras furent nombreux pour exécuter ce même modèle sur de grandes proportions. On eut beaucoup de peine, et il fallut beaucoup de temps, pour faire couler, dans les fonderies du pays, le cylindre à vapeur, qui était d'une grande capacité. Comme les ingénieurs étaient alors fort rares aux États-Unis, on fut obligé de prendre, à leur place, les forgerons de la contrée.

En fin de compte, on n'obtint, après de grandes dépenses, qu'une très-mauvaise machine à vapeur. Elle ne put faire avancer la galiote avec une vitesse de plus de trois milles à l'heure.

Dans la première expérience, faite en présence de Franklin, le petit bateau de la Delaware avait marché, avons-nous dit, avec la vitesse de cinq milles et demi par heure. Au lieu de progresser, l'invention avait donc reculé. Aussi plusieurs actionnaires commencèrent-ils à se dégoûter de l'entreprise.

Un homme intelligent et actif, le docteur Thornton, s'empressa de rassurer les timides et de réveiller la confiance première. Il s'engagea à faire marcher le bateau avec une vitesse de huit milles à l'heure, s'obligeant, en cas de non réussite, à payer lui-même toutes les dépenses de ce nouvel essai.

On procéda donc à une installation nouvelle de la machine à vapeur sur le même bateau, après avoir remédié aux mauvaises dispositions de ses principaux organes.

Au bout d'un an, tout était prêt pour une seconde expérience publique.

La galiote fut amenée dans la rue de l'Eau à Philadelphie. À partir d'un point de départ, on avait mesuré avec soin la longueur d'un mille. Les montres ayant été réglées publiquement, la galiote fournit sa course. Tous les témoins de cette première épreuve déclarèrent qu'elle était consciencieuse, et que le bateau avait marché avec la vitesse de huit milles à l'heure.

On procéda après ce premier essai, à une expérience publique.

Elle fut vraiment solennelle. Le conseil de Pensylvanie, avec son gouverneur en tête, Warner Miflin, se rendit en cérémonie, près de la galiote, et planta sur le bateau unpavillon de soie fait pour la circonstance, et décoré des armes de la République des États-Unis. Alors le bateau de John Fitch se donna carrière et fournit une longue course sur les eaux de la Delaware, jusqu'à une grande distance de Philadelphie.

Il fut de nouveau démontré dans cette expérience, que le bateau marchait avec la vitesse de huit milles à l'heure.

Brissot de Warville, le futur conventionnel, qui vivait alors aux États-Unis, parmi les quakers, fut un des témoins de l'expérience de Fitch. Dans une lettre datée du 1er septembre 1788, il dit que la machine lui parut bien exécutée et remplir parfaitement son objet.

Cependant Brissot ne croyait pas beaucoup à l'avenir de cette invention. Il pensait qu'une machine à vapeur installée sur un bateau, exigerait un grand entretien et nécessiterait le concours incessant de plusieurs ouvriers ; ce qui, joint aux réparations nécessaires, réduirait à peu de chose ses avantages.

La froideur du suffrage que Brissot accorde, dans cette lettre, à l'invention de Fitch, n'était que l'écho des impressions, à peu près unanimes, des habitants de Philadelphie. Les résultats obtenus n'ayant pas répondu à l'attente générale, un grand revirement s'était opéré dans l'esprit de la population. Tout le monde abandonnait Fitch, qu'on avait d'abord applaudi et soutenu avec tant de passion.

D'ailleurs le second constructeur qui s'était présenté pour résoudre le même problème commençait à fixer l'attention, et à détourner ainsi les sympathies que Fitch avait éveillées un moment.

Louis Figuier

Fig. 92. — Le premier bateau à vapeur américain. Expérience faite en 1789 par John Fitch, près de Philadelphie, sur la Delaware.

James Rumsey, qui avait fait en 1786 et 1787, des expériences sur la rivière de Potomac, était, en effet, devenu le compétiteur de Fitch. Il sollicitait du Congrès des États-Unis la faveur de partager le privilége qui avait été précédemment accordé à Fitch, pour l'exploitation des bateaux à vapeur dans l'État de Pensylvanie.

Cependant Rumsey perdit sa cause. L'État de Pensylvanie ne crut pas devoir dépouiller Fitch des avantages qu'il lui avait accordés pour perfectionner son invention. Obéissant à un sentiment de justice, et comprenant, sans doute, combien une entreprise aussi difficile avait besoin d'être soutenue dans ses droits, le Congrès des États-Unis refusa à James Rumsey, le privilége qu'il sollicitait pour l'emploi des bateaux à vapeur.

Craignant de rencontrer de la part des autres États, la résistance qu'il avait trouvée dans celui de Pensylvanie, Rumsey s'embarqua pour l'Europe, pour y faire connaître ses projets. Il se rendit en Angleterre, où nous le rejoindrons bientôt.

Le triomphe que Fitch venait d'obtenir, ne lui fut pas, malheureusement, d'un grand secours. De concert avec son fidèle ami, le docteur Thornton, il ne cessait de perfectionner sa machine. C'est ainsi que le 11 mai 1790, son bateau à vapeur fit le voyage de Philadelphie à Barlington, en trois heures et un quart, poussé par la marée, mais avec un vent contraire. Le bateau avait fait sept milles à l'heure.

Mais les frais continuels des expériences, et la longueur du temps écoulé depuis le commencement de l'entreprise, avaient fatigué les associés de Fitch. On ne peut guère d'ailleurs s'en étonner. Un actionnaire n'est pas un inventeur ou un savant, qui se propose la découverte ou le triomphe d'une vérité et s'intéresse à son avenir. C'est un capitaliste, qui a besoin de tirer parti de ses fonds, et qui est pressé de rentrer dans ses avances, avec le bénéfice qu'il a le droit d'en espérer.

Voilà ce qui explique l'insuccès définitif de l'entreprise de Fitch. En 1792, il avait déjà sensiblement perfectionné son appareil moteur ; car sa galiote, dans une seule journée, avait pu parcourir quatre-vingts milles sur la Delaware ; cependant la compagnie se dégoûta de l'entreprise, et abandonna l'inventeur.

Fitch, désespéré, résolut de jouer toute sa fortune sur le succès de son invention. Le 20 juin 1792, il écrivit à Rittenhouse, l'ancien collègue de Franklin, alors directeur de la Monnaie, pour lui offrir en vente les terres qu'il possédait dans le Kentucky. Il excitait Rittenhouse à lui rendre ce service, en disant à ce savant qu'il aurait ainsi l'honneur de l'avoir secondé dans la grande entreprise, qui donnerait un jour, assurait-il, « le moyen de traverser l'Atlantique, qu'il réussît ou non. »

C'était là, en effet, une pensée dont il ne pouvait détacher son esprit. Certain que la navigation par la vapeur était praticable, que l'idée était mûre et qu'elle touchait au moment de sa réalisation, Fitch éprouvait un véritable désespoir de ne pouvoir faire partager ses convictions à personne. Sa persistance dans cette idée avait fini par détourner de lui ses amis, et même les étrangers, qui étaient fatigués de lui entendre répéter toujours les mêmes discours. Il était devenu un objet de raillerie pour les habitants de Philadelphie, quelquefois même un objet de pitié.

Un jour, se trouvant chez un forgeron qui avait travaillé à son bateau, Fitch avait parlé pendant une heure, sur son sujet favori.

« Je suis trop vieux, disait-il, pour en être témoin, mais vous, chers amis, vous verrez un jour les bateaux à vapeur naviguer sur l'Atlantique, et créer, d'un monde à l'autre, des relations promptes et faciles. »

À cette dernière assertion, chacun se regarda en silence ; et comme Fitch se retirait, encore tout agité de sa longue discussion :

« Le digne et excellent homme ! s'écria l'un des assistants ; et quel dommage qu'il soit maintenant complétement fou ! »

Quel était le fou, de Fitch, ou de son interlocuteur ?

Ainsi méconnu et abandonné par ses compatriotes, Fitch suivit l'exemple que lui avait donné son rival James Rumsey. Il prit le parti de se rendre en Europe.

James Rumsey, avons-nous dit, était passé en Angleterre, c'est à la France que Fitch s'adressa.

Le consul de France à Philadelphie, Saint-Jean de Crèvecœur, auteur des *Lettres d'un cultivateur américain*, s'était beaucoup intéressé à Fitch. Il avait même écrit au gouvernement français, pour lui faire connaître et lui recommander son invention. « Inappréciable pour l'Amérique, écrivait-il à notre ministre de la marine, cette découverte sera également précieuse pour la France. » Saint-Jean de Crèvecœur faisait remarquer que les dépenses du halage sont si considérables en France, que l'on préférait souvent faire transporter les marchandises par la voie de terre, comme cela était arrivé du Havre à Paris, et de Paris à Rouen.

Saint-Jean de Crèvecœur demandait que le roi donnât une gratification de quelques centaines de louis à Fitch, qui, d'ailleurs, n'exigeait rien pour la communication de sa découverte.

« Cette générosité de la part du roi, ajoutait ce consul intelligent, aurait l'effet le plus heureux. Elle flatterait, elle honorerait cet honnête et simple Pensylvanien ; elle placerait Sa Majesté à la tête des rémunérateurs d'une invention qui peut devenir infiniment utile à son royaume. »

Par une lettre du 5 juin 1788, le ministre de la marine, duquel dépendaient alors les consuls, autorisa Saint-Jean de Crèvecœur à s'entendre avec M. de Laforest pour acquérir le secret de la découverte du constructeur américain [22].

Il est probable que des pourparlers s'établirent entre Fitch et le consul de France, et qu'une correspondance eut lieu, à ce propos, entre le gouvernement français et son agent à Philadelphie.

Ce qui est certain, c'est qu'en 1792, John Fitch faisait voile pour la France, et débarquait à Lorient. Il apportait avec lui la réalisation pratique de l'application de la vapeur à la navigation !

Ainsi, cette découverte, sortie de la tête d'un Français, Denis Papin ; étudiée et presque réalisée sur la Seine, par un autre Français, le marquis d'Auxiron ; inaugurée et expérimentée à Lyon, par un troisième Français, le marquis de Jouffroy, avait été repoussée, méconnue et déconsidérée en France ! D'un autre côté, la même invention, réalisée en Amérique, d'abord par John Fitch, ensuite par James Rumsey, avait été repoussée, méconnue, déconsidérée en Amérique. Maintenant, l'Amérique, par la main de l'un de ses enfants, venait offrir à la France cette même invention, qu'elles avaient méconnue l'une et l'autre ; et, dernière fatalité, dernière circonstance étrange de la destinée de cette invention, la France allait encore laisser tomber de ses mains cette même découverte !

En 1792, notre pays était un théâtre peu propre aux inventions scientifiques ou industrielles. Avant de s'occuper d'illustrer la France, il fallait songer à la défendre. Le consul Saint-Jean de Crèvecœur avait pu assurer à l'inventeur américain le meilleur accueil et un concours actif. Mais il avait compté sans la guerre extérieure, qui occupait toutes les forces de la France, et sans les déchirements intérieurs d'un pays qui se régénérait, qui s'arrachait violemment aux entraves d'une détestable organisation sociale. Au dehors la guerre était partout, au dedans éclataient sans cesse des mouvements terribles.

Fitch, comme on l'a vu plus haut, avait connu Brissot à Philadelphie. Il comptait sur lui comme député de la Convention, et, en effet, son concours ne lui fit pas défaut. Fitch se présenta dans une séance de la Convention nationale, sous les auspices de Brissot, tenant à la main, non sans quelque apparat, le pavillon de la République américaine, dont le gouverneur de l'État de Pensylvanie, James Miflin, avait décoré son bateau dans une circonstance solennelle.

La Convention accueillit avec faveur cette démarche. Elle salua de ses applaudissements l'inventeur américain et le drapeau de sa patrie. Mais Brissot périt sur l'échafaud le 31 octobre 1793, et avec lui Fitch perdit son unique appui.

Toutes ces complications, toutes ces circonstances défavorables, forcèrent l'inventeur américain à renoncer à son entreprise. Il revint à Lorient, et s'enquit d'un navire qui le ramenât en Amérique. Son dénuement était tel qu'il se trouvait hors d'état de payer son passage, et qu'il fut heureux d'obtenir de M. Wail, consul des États-Unis à Lorient, le prix de sa traversée.

De retour en Amérique, Fitch ne mena plus qu'une existence de misère et de chagrin. N'ayant vécu que pour une idée, il n'avait plus de raison d'exister, après avoir perdu toute espérance de la faire réussir. Une sombre tristesse absorbait son esprit.

Il voulut alors chercher dans l'ivresse du vin l'oubli de ses tourments. Mais l'ivresse n'est pas un remède. Le chagrin, un moment dissipé par une excitation passagère, renaît, au réveil, plus tenace et plus terrible. Cette excitation et cet affaissement successifs de l'âme, finissent par amener un dégoût universel, et jusqu'au dégoût de soi-même.

Le malheureux John Fitch, las de vivre, c'est-à-dire de souffrir, quitta, un soir, Philadelphie. Il suivit quelque temps les rives de la Delaware, et après avoir jeté un long regard de désespoir et de regret, sur ce beau fleuve qui avait été le théâtre de ses travaux, de ses triomphes et de ses espérances, puis de son désastre et de sa ruine, il se donna la mort en se précipitant dans ses flots, du haut d'une berge escarpée.

Fig. 93. — John Fitch, premier inventeur des bateaux à vapeur
en Amérique, se donne la mort, à Philadelphie.

Dans son testament, Fitch léguait ses manuscrits, ses plans, et les
croquis de ses machines, à la *Société philosophique de Pensylvanie*,
afin que quelqu'un continuât son œuvre « s'il en a le courage, »
ajoutait-il avec amertume dans cet acte suprême.

Revenons maintenant à James Rumsey, que nous avons laissé
arrivant en Angleterre.

James Rumsey avait adopté un appareil moteur tout différent de
celui de Fitch. Il se servait d'une pompe qui puisait l'eau à l'avant du

bateau, et la refoulait sous la quille, pour la faire ressortir à l'arrière.

Ce système avait été proposé, en France, par Daniel Bernouilli. Franklin l'avait jugé avec faveur. On trouve ce sujet traité avec étendue dans l'une de ses lettres [23]. Ne considérant que le cas extrême des roues à aubes immergées jusqu'à l'arbre, Franklin avait cru prouver que l'on perdrait beaucoup de force en employant les roues à aubes comme moyen de propulsion nautique. Le système de Bernouilli lui semblait donc supérieur, et il conseilla à Rumsey d'en faire l'application à son bateau. Ce dernier en fit l'essai en 1787 ; mais le bateau ne filait que deux nœuds et demi. Ayant reconnu toute l'insuffisance de ce moyen, Rumsey y substitua un système plusmauvais encore : de longues perches qui poussaient le bateau en s'appuyant sur le fond de la rivière. Ces perches étaient mises en mouvement par des manivelles fixées sur l'axe du volant de la machine à vapeur.

James Rumsey en était revenu à l'emploi, comme moyen moteur, du refoulement de l'eau sous la quille, d'après le système de Bernouilli, système qui, pour le dire en passant, est peut-être appelé à rendre de nos jours de grands services dans la navigation à vapeur. Le brevet qu'il prit à Londres, en 1790, avait pour objet « une nouvelle méthode d'appliquer la force de la vapeur pour le service des différentes machines, des moulins et de la navigation. » Cette méthode consistait, comme nous venons de le dire, à refouler l'eau sous la quille à la partie antérieure du bateau, par une pompe mue de haut en bas. Le bateau avançait donc par l'effet de la réaction de l'eau contre le fond et les parois du bateau.

Le croquis que le lecteur a sous les yeux (fig. 94), et qui reproduit exactement l'un de ceux qui accompagnent le brevet pris en Amérique par James Rumsey en 1788, donnera une idée claire du principe moteur de ce bateau. CD est le fond du bateau muni d'une ouverture C et d'une soupape A. Le piston F, mis en action par la machine à vapeur, après avoir aspiré l'eau, dans le corps de pompe FM, par la soupape A qui se referme ensuite, refoule cette eau par la soupape DB, et pousse ainsi le bateau par la réaction du liquide.

Fig. 94. — Croquis du bateau de James Rumsey, d'après le dessin
qui accompagne sa demande de brevet.

Il existe une description assez complète de l'appareil moteur de
James Rumsey. Elle a été faite sur les lieux, par M. de Laforest, le
même qui s'était occupé, de concert avec Saint-Jean Crèvecœur,
de transmettre au gouvernement français les indications relatives
au bateau à vapeur de Fitch. Voici cette description, que nous
empruntons au travail publié dans le *Moniteur universel* par
M. Pierre Margry, sur la *Navigation du Mississipi*, travail qui nous a
déjà fourni de précieux renseignements concernant les précurseurs
de Fulton aux États-Unis :

« Au fond du bateau, où devait être la carlingue, se trouvait, dit
M. de Laforest, une caisse plate longue de trente-six pieds ; une de
ses extrémités allait jusqu'à l'étambot et était ouverte, l'autre était
fermée, et toute la caisse occupait les trois quarts de la longueur
du fond du bateau. À l'extrémité fermée de cette caisse il y avait un
cylindre de deux pieds et demi de long, qui communiquait avec
elle par le bas et y laissait entrer l'eau qui allait se décharger à la
poupe. Une autre communication était établie au fond du cylindre
par le moyen d'un tube avec la rivière sur laquelle flottait le bateau.

« À la tête du tube et dans le cylindre était une soupape pour y
admettre l'eau de la rivière, appliquée de manière à empêcher que
l'eau entrée ne pût sortir par la même ouverture. Sur le haut du
cylindre, il s'en trouvait un autre de la même longueur qui y était
fixé avec des écrous.

« Chacun de ces deux cylindres avait un piston rendu hermétique,
qui haussait et baissait avec un peu de frottement.

« Les deux pistons étaient liés ensemble par une cheville très-
unie fixée à vis aux extrémités correspondantes de chacun d'eux
et passant à travers le fond du cylindre supérieur. Le cylindre

inférieur recevait l'eau de la rivière à travers le tube et la soupape décrits plus haut, et le retour du piston la poussait fortement dans la caisse dont on a parlé jusqu'à la poupe du bateau.

« Le cylindre supérieur recevait la vapeur générée dans un tube ardent sous son piston, lequel était soulevé au haut du cylindre par la vapeur. Au même moment le piston du cylindre était aussi soulevé en raison du lien qui l'attachait à l'autre piston. Ils fermaient alors la communication avec le tube ardent et en ouvraient une autre par laquelle la vapeur s'échappait en se condensant. Par ce moyen l'atmosphère agissait sur le piston du cylindre inférieur, ce qui précipitait l'eau de ce dernier cylindre à travers la caisse avec une rapidité dont la réaction, à l'extrémité de cette caisse, chassait le bateau en avant.

« On sait, dit M. Laforest, qu'un corps pesant, tombant vers la terre, traversera environ quinze pieds dans la première seconde ; si ce corps est chassé horizontalement par une impulsion égale à son poids, il suivra cette direction dans un même espace de temps ; d'où, selon M. Rumsey, il devrait résulter que l'eau de la caisse aurait, proportionnellement à son poids, l'effet d'arrêter la trop prompte décharge de l'eau du cylindre, ce qui devait empêcher que l'eau qui, après l'impulsion donnée, courait rapidement à travers la caisse, ne retardât, par sa vélocité, le mouvement en avant du bateau.

« Enfin, il y avait une soupape près du cylindre, à la tête de la caisse, pour admettre l'air qui suivait l'eau mise en mouvement, et lui donnait le temps de s'élever graduellement dans la caisse à travers les soupapes qui étaient au bas. Cette eau avait peu ou point de mouvement, relativement au bateau, et, en conséquence, était capable d'opérer quelque résistance à chaque impulsion nouvelle. »

Rumsey était parvenu à intéresser à son entreprise un riche négociant américain, qui résidait à Londres. Avec le secours de ce compatriote et de quelques autres amis, il avait pu réunir la somme nécessaire pour entreprendre les essais de son système de navigation. Après avoir employé deux ans à ses préparatifs, il se disposait à mettre la dernière main à son œuvre, lorsqu'il mourut, à la veille d'atteindre le but qu'il poursuivait depuis si longtemps.

Cependant, en février 1793, ses associés lancèrent sur la Tamise le bateau de Rumsey.

Il marcha parfaitement contre le vent et la marée, filant quatre nœuds. La machine consistait en une pompe foulante, dont le piston avait 2 pieds anglais de diamètre, mise en mouvement par la vapeur et qui refoulait l'eau sous la quille. Au moment du retour de l'eau, la soupape qui avait donné issue à cette eau se refermait, et l'eau s'engageait dans un canal de 6 pouces de section, pour s'échapper à l'arrière du gouvernail.

Si Rumsey échoua dans ses efforts pour créer la navigation par la vapeur, il contribua par une autre voie, à ses succès futurs ; car c'est à lui que revient l'honneur d'avoir dirigé sur ce sujet l'attention de l'ingénieur illustre auquel l'univers doit ce bienfait.

Rumsey avait eu l'occasion de rencontrer à Londres, son compatriote, Robert Fulton, alors âgé de vingt-quatre ans. La conformité de leurs goûts établit entre eux une grande intimité. C'est par les conseils et à l'instigation de Rumsey, que Fulton fut amené à s'occuper pour la première fois, de la navigation par la vapeur.

Robert Fulton, dont le nom vient d'apparaître à cette période de notre récit, était né en 1765, à Little-Britain, dans le comté de Lancastre, État de Pensylvanie (Amérique du Nord). Ses parents étaient de pauvres émigrés irlandais. Ayant perdu son père dès l'âge de trois ans, sa première instruction se réduisit à apprendre à lire et à écrire dans une école de village. Il fut envoyé très-jeune à Philadelphie, où il entra chez un joaillier, pour apprendre cette profession. Les occupations de son apprentissage ne l'empêchèrent pas de cultiver les dispositions remarquables qu'il avait pour le dessin, la peinture et la mécanique. Ses progrès dans la peinture furent tels, qu'avant l'âge de dix-sept ans, il était parvenu à se créer des ressources avec son pinceau. Il allait d'auberge en auberge, vendre des tableaux et faire des portraits, et finit par s'établir comme peintre en miniature, au coin de *Second* et *Walnut streets*, à Philadelphie. Etant parvenu à se procurer ainsi une petite somme, il acheta, dans le comté de Washington, une ferme où il plaça sa mère.

En revenant à Philadelphie, il s'arrêta aux eaux thermales de Pensylvanie, et s'y lia avec quelques personnes distinguées, entre autres avec M. Samuel Scorbitt.

Frappé des dispositions qu'il annonçait pour la peinture, M. Scorbitt l'engagea à se rendre à Londres, où son compatriote Benjamin West, qui avait acquis en Angleterre une certaine célébrité, serait fier d'encourager ses talents. Franklin, qui avait connu le jeune artiste à Philadelphie, lui avait déjà donné le même conseil. Fulton résolut donc de partir pour l'Angleterre, et M. Scorbitt lui ayant fourni les moyens d'entreprendre ce voyage, il s'embarqua à New-York, en 1786.

Ses espérances ne furent point trompées ; West le reçut comme un ami. Il en fit son commensal et son disciple.

Cependant Fulton ne devait pas exercer longtemps la profession de peintre. Désespérant d'atteindre la perfection dans cet art, entraîné, d'ailleurs, par la prédominance de ses goûts, il jeta les pinceaux, pour s'adonner entièrement à l'étude de la mécanique.

Il séjourna quelque temps à Exeter, dans le Devonshire, et résida ensuite deux années dans la grande cité manufacturière de Birmingham, où il fut employé, pendant tout cet intervalle, comme dessinateur de machines dans une fabrique. Il s'y attira le patronage du duc de Bridgewater et du comte de Stanhope.

En 1788, décidé à tirer parti des connaissances mécaniques qu'il venait d'acquérir, il revint à Londres, et c'est là que le hasard le mit en rapport avec son compatriote James Rumsey. Ce dernier n'eut pas de peine à lui faire comprendre tous les avantages que devait amener en Amérique, la création de la navigation par la vapeur, et Fulton s'occupa aussitôt de corriger les vices manifestes du système mécanique adopté par Rumsey. Il était persuadé dès cette époque, de la supériorité que présentaient les roues à aubes sur tout autre système de propulsion, et voulait les faire adopter par son compatriote, lorsque la mort de ce dernier vint arrêter leurs projets communs.

Le comte de Stanhope, bien connu en Angleterre par son goût passionné pour les arts mécaniques, s'occupait, vers le même temps, de quelques essais sur la navigation par la vapeur. Il avait construit un bateau muni d'une machine assez puissante, et il employait comme moteur, un appareil palmipède analogue à celui qu'avait adopté le marquis de Jouffroy. Fulton n'hésita pas à lui écrire, pour le dissuader de conserver cet appareil, lui recommandant les roues à aubes, et se mettant, pour l'exécution de ce projet, à la disposition de Sa Seigneurie.

Mais ce bon conseil ne fut pas écouté, et la négligence de lord Stanhope à suivre les avis de Fulton amena un retard considérable dans la création de la navigation par la vapeur.

Cette circonstance détourna pour quelque temps, le jeune ingénieur de ses projets relatifs à la navigation, et l'ardeur de son esprit se porta vers d'autres sujets. Il présenta, en 1794, au gouvernement britannique, un nouveau système de canalisation. Ce système consistait à construire des canaux de petite section, et à substituer aux écluses des plans inclinés, sur lesquels des bateaux, jaugeant seulement de 8 à 10 tonnes, étaient élevés ou descendus avec leur chargement, au moyen de machines mises en mouvement par la vapeur ou par l'eau. Cette idée, déjà pratiquée en Chine depuis un temps immémorial, venait d'être reproduite en Angleterre par William Reynold. À ce système Fulton ajoutait la construction de routes, d'aqueducs et de ponts en fer.

Mais ni le gouvernement britannique, ni de riches sociétés auxquelles il s'adressa, ne voulurent consentir à examiner ses plans, et le public ne fit guère plus d'attention à un ouvrage qu'il publia sur cette question, pour répandre et faire connaître ses idées.

Il s'occupait en même temps, de l'exécution de beaucoup d'autres projets mécaniques. Il imaginait, pour creuser les canaux, des espèces de charrues qui sont maintenant en usage aux États-Unis. Il présentait à la *Société d'encouragement de l'industrie* un moulin de son invention, pour scier et polir le marbre. Il construisait une machine à filer le chanvre et le lin, et une autre pour fabriquer des cordages.

Quelques lettres de remerciement de certaines sociétés savantes, une médaille d'honneur, et trois ou quatre brevets d'invention, furent tout ce qu'il obtint dans la Grande-Bretagne. Espérant trouver plus d'encouragement en France, Fulton se rendit à Paris vers la fin de l'année 1796.

Arrivé en France, il se hâta de faire des démarches auprès des ministres et des gens de finance, dans la vue de les intéresser à son nouveau système de canalisation. Mais il reconnut bien vite que ses projets réussiraient encore moins à Paris qu'en Angleterre. Il tourna donc ses vues d'un autre côté.

Le commerce des États-Unis éprouvait les plus graves dommages des longues guerres qui agitaient l'Europe, depuis le commencement de la révolution française. Par les ressources immenses de sa marine, l'Angleterre exerçait sur le monde entier un empire tyrannique, en arrêtant les produits importés en France par les nations étrangères, et en s'arrogeant le droit de soumettre à une visite, malgré la protection de leur pavillon, tous les navires qui parcouraient l'Océan.

Les États-Unis souffraient particulièrement de ce long état d'asservissement, et Fulton, sorte de quaker, ou de philosophe humanitaire, était tourmenté du désir d'assurer, en faveur de son pays, la liberté des mers. *The liberty of the seas will be the happiness of the earth* : « La liberté des mers fera le bonheur du monde, » telle était la sentence qui était souvent dans sa bouche.

Dans l'espoir de détruire le système de guerre maritime des Européens, il s'attacha à découvrir un moyen d'affranchir les nations plus faibles de la tyrannie britannique.

C'est cette considération qui lui suggéra, s'il faut l'en croire, l'idée de son système d'attaques sous-marines, qui, dès ce moment, ne cessa de l'occuper jusqu'à la fin de sa vie.

Au mois de décembre 1797, il commença, à Paris, une série d'expériences sur la manière de diriger entre deux eaux, et de faire éclater à un point donné, des boîtes remplies de poudres, destinées à faire sauter les vaisseaux. C'est là que s'étaient arrêtées, en 1777, les expériences d'un Américain nommé Bushnell, qui avait, le premier, imaginé les bateaux plongeurs.

Mais les ressources lui manquaient pour poursuivre ses expériences. Il s'adressa donc au Directoire, qui renvoya sa pétition au ministre de la guerre. Ses plans, après examen, furent jugés impraticables.

Sans se décourager, Fulton exécuta un très-beau modèle de son bateau sous-marin, et muni de cet argument qui parlait aux yeux, il se présenta de nouveau au Directoire.

Il fut mieux accueilli cette fois. Une commission fut nommée, pour examiner son bateau, et le rapport de cette commission se montra favorable.

CHAPITRE III

Ce ne fut donc pas sans surprise, qu'après de très-longs délais, il reçut du ministère de la marine, l'avis que ses plans étaient définitivement rejetés.

Trois ans s'étaient passés dans ces travaux et ces sollicitations inutiles. Ne conservant plus d'espoir auprès du gouvernement français, Fulton s'était adressé à la Hollande. Mais la République batave n'avait pas mieux accueilli ses projets, et il se trouvait hors d'état de faire face aux dépenses que nécessitaient ses recherches.

Son talent de peintre vint lui fournir les moyens de les poursuivre. Pendant les sept années qu'il résida à Paris, Fulton habita l'hôtel de Joël Barlow, poëte et diplomate américain, qui avait conçu pour lui la plus vive amitié, et l'avait mis en relation avec les ingénieurs et les savants de la capitale. Joël Barlow ayant conçu, à cette époque, le projet d'importer à Paris la découverte des Panoramas, due à Robert Barker, peintre d'Édimbourg, chargea Fulton d'exécuter le premier tableau de ce genre qui ait été offert à la curiosité des Parisiens.

Cette spéculation obtint le plus grand succès, et resserra encore les liens d'amitié qui unissaient le premier des poëtes et le plus illustre des ingénieurs américains. Elle donna à Fulton les moyens de continuer ses expériences sur les moyens d'attaque sous-marine.

Bonaparte venait d'être élevé au consulat à vie. Fulton, espérant trouver près de lui des encouragements efficaces, lui écrivit, pour lui faire connaître ses travaux, et pour demander qu'une commission examinât son bateau plongeur et ses appareils sous-marins. Sa requête eut un plein succès. Des fonds lui furent accordés, pour continuer ses expériences. Volney, Monge et Laplace, nommés commissaires, approuvèrent ses vues.

En 1800, sur l'invitation des commissaires du premier consul, et avec les fonds accordés par le ministère, Fulton construisit un grand bateau sous-marin, qui fut soumis, à Rouen et au Havre, à différents essais. Ils ne répondirent pas cependant aux promesses de l'inventeur.

Pendant l'été de 1801, Fulton se rendit à Brest avec le même bateau, et il exécuta dans ce port, plusieurs expériences remarquables. Il s'enfonça un jour jusqu'à 80 mètres sous l'eau, y demeura vingt minutes, et revint à la surface après avoir parcouru une assez grande distance ; puis, disparaissant de nouveau, il regagna son point de départ.

Le 17 août 1801, il resta plus de quatre heures sous l'eau, et ressortit à cinq lieues de son point d'immersion.

Il répéta dans la rade de Brest les expériences de ses appareils d'explosion sous-marine.

Les divers appareils de guerre sous-marine, auxquels Fulton ajoutait une importance extraordinaire, ont aujourd'hui perdu beaucoup de leur intérêt, soit que l'expérience n'ait pas confirmé tous les résultats promis, soit que les circonstances qui rendaient leur secours utile, aient maintenant disparu. Il serait donc hors de propos de beaucoup s'étendre sur leur description.

L'instrument destiné à produire les explosions sous-marines, et que Fulton désignait sous le nom de *torpedo*, ou *torpille*, était une sorte de machine infernale. Elle consistait en une boîte de cuivre, pouvant contenir de 80 à 100 livres de poudre. Cette boîte était armée d'une platine de fusil, qui pouvait faire feu à un moment donné. Le tout était attaché à l'extrémité d'une corde longue de 60 pieds, que l'on passait dans une poulie fixée sous l'eau, contre le flanc du petit bateau qui portait la torpille. Pour attaquer et faire sauter une embarcation ennemie, Fulton attachait une sorte de harpon à l'extrémité de la corde qui flottait sur l'eau. Quand on dirigeait le petit bateau contre un navire, le mouvement de l'eau suffisait pour attirer l'extrémité de la corde, et la fixer à la quille, par son harpon. Au bout d'un temps réglé par la fin d'un mouvement d'horlogerie qui communiquait à la platine du fusil, l'explosion se faisait, et en raison de l'incompressibilité de l'eau, tout l'effet explosif se portait contre le navire.

Quelquefois la torpille était lancée contre les bâtiments à l'ancre : le mouvement du courant devait alors suffire pour l'attirer contre eux. D'autres fois, enfin, on plongeait la torpille à 12 ou 14 pieds au-dessous de la surface de l'eau, en l'armant d'une détente qui devait partir et enflammer la poudre dès que le navire la toucherait légèrement.

Quant au bateau plongeur que Fulton désignait sous le nom de *Nautilus*, et qui lui servait à submerger ses torpilles, ou à s'enfoncer inopinément dans l'eau, pour échapper à l'observation de l'ennemi, il ressemblait assez aux différents bateaux de ce genre que l'on a vus, de nos jours, manœuvrer dans les ports.

Malgré la brièveté des descriptions qui précèdent, on peut s'assurer que les *torpilles* essayées par Fulton en 1801, ont donné l'idée et ne diffèrent que peu dans leur mécanisme, des appareils de destruction sous-marine qui ont été mis en usage avec un effroyable succès dans la rade de Toulon au mois de janvier 1866, par M. l'amiral Bouet Willaumez. Fulton employait la poudre comme agent explosif. De nos jours, on fait usage de la *nitro-glycérine*, substance liquide, d'invention récente et qui jouit de terribles propriétés détonantes. Mais le mécanisme qui a été employé à Toulon pour mettre en action la batterie sous-marine, ne diffère pas beaucoup de celui que Fulton avait adapté à ses *torpilles*. Aujourd'hui, comme en 1801, on fait partir la batterie par un simple rouage, ou effet mécanique, sans aucun emploi de l'électricité.

Avec l'espèce de machine infernale dont il vient d'être question, Fulton réussit à faire sauter, dans la rade de Brest, une chaloupe qui s'y trouvait à l'ancre. À la distance de 200 mètres, il lança son *torpedo* contre la chaloupe, qui, au bout d'un quart d'heure, sauta en l'air, au milieu d'une colonne d'eau soulevée à plus de 100 pieds.

Cette expérience, qui excita à Brest beaucoup de curiosité, eut lieu en présence de l'amiral Villaret et d'une multitude de spectateurs.

Fulton essaya alors de s'approcher de quelques-uns des navires anglais qui croisaient sur les côtes, et s'avançaient fréquemment dans les parages de Berthaume et de Camaret, près de Brest. Il fut sur le point, dans les parages du Havre, de joindre un vaisseau anglais de 74 canons, mais celui-ci changea tout à coup de direction et s'éloigna du *Nautilus*. Plusieurs mois s'écoulèrent ensuite sans qu'aucun bâtiment ennemi s'approchât assez du rivage pour permettre de renouveler la tentative.

Toutes ces lenteurs fatiguèrent le premier consul, qui cessa peu à peu d'ajouter de l'importance aux inventions sous-marines, et qui finit même par les déclarer impraticables. Les mémoires et les pétitions de Fulton commencèrent à demeurer sans réponse. Il fut enfin officiellement informé que le gouvernement français n'entendait plus donner suite à aucun essai de ce genre.

Louis Figuier

Fig. 95. — Fulton fait sauter une chaloupe avec sa machine
infernale, dans la rade de Brest.

Forcé de renoncer aux projets qu'il poursuivait depuis six ans avec
si une grande ardeur, Fulton se disposait à retourner en Amérique,
lorsque, vers la fin de 1801, et au moment où il s'occupait des
préparatifs de son départ, il rencontra à Paris Robert Livingston,
ambassadeur des États-Unis.

CHAPITRE III

Livingston, qui avait rempli pendant vingt-cinq ans, dans l'État de New-York, les fonctions de chancelier, et qui vint à bout de conclure avec la France le traité de cession de la Louisiane, si avantageux pour sa patrie, ne s'était pas seulement occupé à New-York de travaux diplomatiques. Versé dans la connaissance de l'industrie et des arts, il s'était consacré avec beaucoup de zèle, à l'étude de la question des bateaux à vapeur. En 1797, avec l'aide d'un Anglais nommé Nisbett et du Français Brunel (le célèbre ingénieur qui construisit plus tard à Londres le tunnel de la Tamise), il avait établi sur l'Hudson divers modèles de bateaux à vapeur, destinés à des expériences. On avait essayé, sous sa direction, les principaux mécanismes applicables à la progression des bateaux : des roues à aubes, des surfaces en hélice, des pattes d'oie, des chaînes sans fin, etc. Plein de confiance dans le succès, Livingston avait alors demandé au Congrès de l'État de New-York, un privilége exclusif de navigation par la vapeur sur les eaux de cet État. On s'était empressé de lui accorder cette faveur, à la condition, pour lui, de présenter dans le délai d'un an, un bateau marchant par l'effet de la vapeur, et faisant $4^{kil},8$ à l'heure.

Cependant les expériences n'ayant pas fourni les résultats attendus, les conditions stipulées dans l'acte du Congrès n'avaient pu être remplies, et le projet en était resté là.

C'est inutilement que Livingston s'était associé, en 1800, avec un très-habile constructeur, John Stevens (de Hobocken). Tous les efforts de Stevens avaient échoué pour remplir les conditions imposées par le Congrès de New-York. Mais cet échec n'avait pas découragé Livingston, et lorsqu'il vint en France, chargé de représenter le gouvernement de son pays, il apportait en Europe le plus vif espoir de succès.

À peine eut-il établi quelques relations avec Fulton, qu'il comprit tout le parti qu'il pourrait tirer de l'activité, des talents et des études spéciales de cet éminent ingénieur. Aussi, lorsque, au moment de s'embarquer pour l'Amérique, Fulton se présenta à l'ambassade des États-Unis, pour y prendre congé du représentant de sa nation, Livingston fit-il tous ses efforts pour le dissuader de son projet. Il l'engagea à différer son départ, pour s'occuper avec lui, de la grande question des bateaux à vapeur, qui importait à un si haut degré à la prospérité et à l'avenir de leur commune patrie.

Louis Figuier

À la suite de leurs conférences un acte d'association fut passé entre eux. Livingston se chargeait de fournir tous les fonds nécessaires à l'entreprise ; les expériences à exécuter étaient confiées à Fulton.

Tous les systèmes essayés jusqu'à cette époque, pour la création de la navigation par la vapeur, avaient échoué sans aucune exception. Fulton attribuait ces échecs au vice des appareils de propulsion mis en usage. Il jugea donc nécessaire de recourir au calcul, pour comparer les effets produits par les divers mécanismes employés jusqu'à cette époque. Il s'occupa d'abord d'étudier par cette voie, le système du refoulement de l'eau sous la quille du bateau, procédé que James Rumsey avait mis en pratique dans ses expériences à Philadelphie, et plus tard à Londres, comme nous l'avons raconté. Fulton fut amené à conclure, mais à tort sans nul doute, que c'était là le plus imparfait de tous les modes de progression nautique. Il étudia ensuite le système palmipède, qu'il trouva insuffisant pour produire la vitesse exigée.

Le mécanisme qui lui parut réunir le plus d'avantages, consista dans l'emploi d'une chaîne sans fin, mise en action par la vapeur, et munie d'un certain nombre de palettes, faisant office de rames, ou ce qu'il nommait des *chapelets*. C'était une manière d'employer un plus grand nombre de palettes que celui que portent les roues à aubes, et d'augmenter ainsi le nombre des rames agissant sur l'eau.

Les bords de la Seine n'offraient pas à Fulton assez de tranquillité ni de solitude pour se livrer commodément aux expériences que nécessitait l'emploi de ce nouveau moteur. Madame Barlow ayant reçu le conseil de se rendre aux eaux de Plombières, il se décida à l'accompagner, et ce fut sur la petite rivière de l'Eaugronne, qui traverse Plombières dans toute son étendue, qu'il fit l'essai, avec un petit modèle, de ses *chapelets*, ou rames mises en action par une chaîne sans fin.

Cependant, de retour à Paris, en octobre 1802, il trouva déposé au Conservatoire des arts et métiers, le modèle, que l'on y voit encore, d'un bateau à vapeur pourvu d'un mécanisme analogue à celui qu'il venait d'expérimenter à Plombières. Ce bateau avait été construit et essayé sur la Saône, par un horloger de Trévoux, nommé Desblancs. Or, l'appareil de Desblancs avait complètement échoué quand on l'avait mis en pratique sur de plus grandes proportions.

Heureusement renseigné par le résultat de cette expérience, Fulton abandonna ce système, pour en revenir à l'emploi des roues à aubes, qu'il avait proposées à lord Stanhope dès l'année 1793.

Après quelques expériences qui furent exécutées pendant l'hiver de 1802 à 1803, sur la Seine, à l'île des Cygnes, Fulton se mit à construire le grand bateau qui devait servir à juger définitivement la question pratique de la navigation par la vapeur.

Les échecs répétés que l'on avait éprouvés en France et aux États-Unis, tenaient à deux causes : au défaut du système moteur destiné à faire office de rames, et à l'insuffisance de la force donnée à la machine à vapeur. Par des calculs plus justes et par une appréciation plus rigoureuse des résistances à surmonter, Fulton parvint à éviter ces deux écueils. C'est donc par le secours de la théorie judicieusement transportée dans la pratique qu'il trouva les moyens de faire réussir la grande entreprise qui avait échoué jusque-là entre les mains d'un si grand nombre d'ingénieurs distingués [24].

Fig. 96. — Fulton.

Le bateau de Livingston et Fulton fut terminé au commencement de l'année 1803. Tout se trouvait prêt pour l'essayer sur la Seine, au milieu de Paris, lorsqu'un matin Fulton, sortant de son lit, où une anxiété et une impatience bien naturelles à la veille d'une épreuve aussi solennelle, l'avaient empêché de goûter le moindre repos, vit entrer dans sa chambre un de ses ouvriers, dont les traits bouleversés annonçaient un malheur.

Un grand malheur venait en effet de le frapper. Le bateau s'était trouvé trop faible pour supporter le poids de la machine à vapeur que l'on y avait installée quelques jours auparavant, et, par suite de l'agitation de la rivière provenant d'une bourrasque survenue dans la nuit, il s'était rompu en deux, et avait coulé.

Jamais homme ne ressentit un désespoir plus violent que celui qu'éprouva Fulton, en voyant ainsi s'anéantir en un clin d'œil le fruit de tant de travaux et de veilles, au moment même où il touchait au but si ardemment désiré.

Cependant il n'était pas homme à se laisser longtemps abattre. Il courut à l'île des Cygnes, pour essayer de réparer le désastre. Pendant vingt-quatre heures consécutives, sans prendre ni repos, ni nourriture, il travailla de ses propres mains, avec ses ouvriers, à retirer de la Seine la machine et les fragments submergés du bateau.

La machine n'avait point souffert, mais il fallait construire un bateau nouveau. Il s'établit donc à l'île des Cygnes, et à la fin du mois de juin 1803, un bateau, construit avec les soins et la solidité convenables, était prêt à naviguer ; Il avait 33 mètres de long sur 2 mètres et demi de large.

Le 9 août 1803, ce bateau navigua sur la Seine, en présence d'un nombre considérable de spectateurs. Fulton avait écrit la veille à l'Académie des sciences, pour l'inviter à assister à l'expérience, et l'Académie avait envoyé dans ce but, Bougainville, Bossut, Carnot et Périer. Le bateau, mis en mouvement à diverses reprises, marcha contre le courant, avec une vitesse de $1^m,6$ par seconde, ce qui représente près d'une lieue et demie par heure.

Un témoin oculaire a consigné dans un recueil scientifique de l'époque, les détails, malheureusement incomplets, de cette expérience mémorable. Nous transcrivons ce document peu connu, le seul que nous ayons pu retrouver sur l'expérience faite par Fulton sur la Seine, en 1803.

« Le 21 thermidor, on a fait l'épreuve d'une invention nouvelle, dont le succès complet et brillant aura les suites les plus utiles pour le commerce et la navigation intérieure de la France. Depuis deux ou trois mois, on voyait au pied du quai de la pompe à feu, un bateau d'une apparence bizarre, puisqu'il était armé de deux grandes roues posées sur un essieu, comme pour un chariot, et que derrière ces roues était une espèce de grand poêle, avec un tuyau, que l'on disait être une petite pompe à feu destinée à mouvoir les roues et le bateau. Des malveillants avaient, il y a quelques semaines, fait couler bas cette construction. L'auteur, ayant réparé le dommage, obtint la plus flatteuse récompense de ses soins et de son talent.

« À 6 heures du soir, aidé seulement de trois personnes, il mit en mouvement son bateau et deux autres attachés derrière, et pendant une heure et demie, il procura aux curieux le spectacle étrange d'un bateau mû par des roues comme un chariot, ces roues armées de volants ou rames plates, mues elles-mêmes par une pompe à feu.

« En le suivant le long du quai, sa vitesse contre le courant de la Seine nous parut égale à celle d'un piéton pressé, c'est-à-dire de 2 400 toises par heure : en descendant elle fut bien plus considérable. Il monta et descendit quatre fois depuis les Bons-Hommes jusque vers la pompe de Chaillot ; il manœuvra à droite et à gauche avec facilité, s'établit à l'ancre, repartit et passa devant l'École de natation.

« L'un des batelets vint prendre au quai plusieurs savants et commissaires de l'Institut, parmi lesquels étaient les citoyens Bossut, Carnot, Prony, Volney, etc. Sans doute ils feront un rapport qui donnera à cette découverte tout l'éclat qu'elle mérite ; car ce mécanisme, appliqué à nos rivières de Seine, de Loire et du Rhône, aurait les conséquences les plus avantageuses pour notre navigation intérieure. Les trains de bateaux qui emploient quatre mois à venir de Nantes à Paris, arriveraient exactement en dix à quinze jours. L'auteur de cette brillante invention est M. Fulton, Américain et célèbre mécanicien [25]. »

Louis Figuier

Cette expérience ne manqua pas, comme on le voit, d'exciter l'attention des hommes spéciaux, mais le public s'y intéressa peu. La pensée suivait alors, en France, une autre direction. On était au milieu de l'enivrement causé par nos victoires militaires. En présence des bulletins qui arrivaient chaque jour de toutes les capitales de l'Europe, on se préoccupait médiocrement des progrès de la science ou de l'industrie. Les Parisiens qui traversaient le pont de la Concorde, regardaient d'un œil indifférent le petit bateau de Fulton, qui resta assez longtemps amarré sur la Seine, en face du palais Bourbon.

Cependant l'inventeur demanda au premier consul que son bateau fût soumis à un examen attentif. Il désirait que l'Académie des sciences fût appelée à exprimer son avis sur sa découverte, offrant, si elle était favorablement jugée, d'en faire hommage à la France.

Bonaparte accueillit mal cette requête et refusa de saisir l'Académie de la question.

Fulton avait fini par lui déplaire. Ses longs essais sur les procédés d'attaque sous-marine, restés sans résultats, joints à ses continuelles demandes d'argent, avaient laissé une impression très-défavorable dans l'esprit du premier consul, qui portait un jugement sévère sur la conduite et les projets de cet étranger.

Ce fut Louis Costaz, alors président du Tribunat, qui se chargea de soumettre à Bonaparte, la demande de Fulton.

Louis Costaz avait été, pendant l'expédition d'Égypte, le compagnon du général en chef. Il avait longtemps partagé sa tente, et il était resté depuis ce moment, en possession de sa confiance et de son amitié. Homme éclairé, esprit pénétrant, il comprenait l'avenir de la navigation par la vapeur ; et comme il avait assisté à l'expérience de Fulton exécutée sur la Seine, il consentit sans difficulté à transmettre au Premier Consul les désirs de l'ingénieur américain.

Mais il ne put réussir à triompher de ses préventions contre Fulton ; et comme il insistait et s'efforçait de le persuader de la réalité et de l'importance de la découverte, Bonaparte l'interrompit :

« Il y a, lui dit-il, dans toutes les capitales de l'Europe, une foule d'aventuriers et d'hommes à projets qui courent le monde, offrant à tous les souverains de prétendues découvertes qui n'existent que dans leur imagination. Ce sont autant de charlatans ou d'imposteurs, qui n'ont d'autre but que d'attraper de l'argent. Cet Américain est du nombre. Ne m'en parlez pas davantage. »

Nous tenons ces derniers renseignements du frère de Louis Costaz, Anthelme Costaz, ancien directeur au ministère des travaux publics, auteur d'une excellente *Histoire de l'administration en France*. Interrogé par nous en 1851, sur ce point important de notre histoire nationale, M. Anthelme Costaz nous transmit ces détails, qui lui avaient été racontés cent fois par son frère Louis [26].

L'Académie des sciences de Paris n'entra donc pour rien dans le refus qu'éprouva la requête de Fulton. Elle ne fut point appelée à donner son avis sur ses travaux ; par conséquent elle ne put, comme on le répète chaque jour, qualifier d'erreur grossière et d'absurdité, l'idée de la navigation par la vapeur. L'Académie comptait alors dans son sein des savants qui s'étaient particulièrement occupés de ce sujet, entre autres Périer, qui avait exécuté l'un des premiers des expériences de ce genre. Il est donc impossible qu'elle portât sur cette question le jugement ridicule qu'on n'a pas craint de lui imputer.

Le mauvais accueil que le premier consul fit à la demande de Fulton est d'autant plus difficile à comprendre, qu'il s'occupait précisément à cette époque, des préparatifs de l'expédition de Boulogne, et que, tout entier à son projet de jeter inopinément une armée en Angleterre, il étudiait avec la plus grande ardeur les divers moyens applicables aux rapides transports maritimes. Nous ne dirons pas, comme on l'a plus d'une fois avancé, que si Napoléon, prêtant une oreille favorable aux propositions de l'ingénieur américain, eût ordonné l'étude de son système de navigation, il aurait, par cela seul, assuré le succès de l'invasion en Angleterre. Des faits incontestables détruisent ce raisonnement fait après coup.

En premier lieu, la découverte de Fulton était encore trop récente pour pouvoir entrer immédiatement dans la pratique. Son succès définitif ne fut démontré que quatre années après, dans le dernier essai que Fulton fit à New-York, en 1807. En second lieu, l'art de construire les machines à vapeur ne s'était pas encore introduit dans notre pays, et l'on ne pouvait songer à improviser en France, dans l'espace de quelques mois, des usines pour ce genre de fabrication. L'Angleterre seule avait alors le privilége de fournir à l'Europe des machines à vapeur ; celle que Fulton installa dans son premier bateau de New-York sortait des ateliers de Watt. Il est à croire que les Anglais n'auraient pas consenti à nous fournir des machines destinées à l'envahissement de leur pays. Enfin, et cette raison paraîtra décisive, Fulton lui-même, comme on a pu le voir par sa lettre aux directeurs du Conservatoire des arts et métiers, rapportée plus haut, ne croyait point, à cette époque, les bateaux à vapeur capables de s'aventurer sur les mers. La navigation sur les rivières et les fleuves était le seul objet qu'il eût en vue, et lorsque Louis Costaz se chargea d'entretenir le premier consul de sa requête, il ne fit aucune allusion à l'expédition de Boulogne.

Disons-le cependant, le propre du génie c'est de devancer l'avenir et de deviner la portée et le développement futur d'une idée, par-dessus les erreurs ou les préventions de son temps. On peut donc s'étonner que Bonaparte n'ait pas embrassé d'un coup d'œil toute l'importance future de la navigation par la vapeur.

Il faut ajouter, à sa décharge, que, ne pouvant se rendre compte de tout par lui-même, il était obligé de s'en rapporter pour beaucoup de choses, à ses ministres. Or, le ministre de la marine Decrès, homme ennemi de toute innovation, était particulièrement opposé aux idées de Fulton, et c'est lui que ce dernier a rendu responsable du refus qu'il éprouva.

Pendant le premier voyage du bateau à vapeur de Fulton, un seul passager, comme nous le raconterons bientôt, osa accompagner l'inventeur. C'était un Français, nommé Andrieux. Cet Andrieux a écrit que, pendant le voyage, Fulton lui faisant part des difficultés qu'il avait trouvées en France, rejetait sur le ministre de la marine Decrès, la responsabilité de l'échec qu'il avait éprouvé auprès du gouvernement français.

Le témoignage et les récits de Colden, biographe et ami de Fulton ; ce que l'on peut recueillir encore aujourd'hui, de la bouche des derniers contemporains ; lesraisonnements que l'on peut faire quand on connaît l'histoire de la navigation par la vapeur ; tout se réunit pour mettre au compte du ministre de la marine Decrès et du premier consul, le refus que Fulton essuya quand il proposa au gouvernement français de lui faire hommage de la découverte de la navigation par la vapeur. Un seul document a pu être opposé à cet ensemble de preuves concordantes. C'est une lettre de quelques lignes qui aurait été écrite à M. de Champagny, ministre de l'intérieur, par Napoléon, de son camp de Boulogne, le 21 juillet 1804.

Nous avons prouvé ailleurs [27] que cette lettre n'a jamais été écrite ; que c'est un document fabriqué, et d'ailleurs, très-maladroitement fabriqué.

M. de Champagny, à qui cette lettre serait adressée en 1804, n'était pas ministre à cette époque. Le mot de *citoyen ministre*, qui figure dans cette épître, et qui n'était plus en usage depuis longtemps en 1804 ; l'ignorance de toutes choses qui éclate à chaque ligne, tout prouve que ce document, qui ne figure pas — et pour cause — dans la *Correspondance de Napoléon Ier*, est de pure invention et ne mérite pas de nous arrêter davantage.

Fulton, du reste, prit, sans trop de peine, son parti de l'échec qu'il venait d'éprouver en France. Au début de ses travaux, ce n'est pas à la France qu'il avait songé à offrir son invention ; c'était pour son pays qu'il avait travaillé et cherché. Il s'occupa donc de prendre les dispositions nécessaires pour faire adopter par l'Amérique le système de transports dont l'expérience venait de lui démontrer toute la valeur.

Livingston écrivit aux membres du Congrès de l'État de New-York, pour faire connaître les résultats qui venaient d'être obtenus à Paris. Le Congrès dressa alors un acte public, aux termes duquel le privilége exclusif de naviguer sur toutes les eaux de cet État, au moyen de la vapeur, concédé à Livingston, par le traité de 1797, était prolongé, en faveur de Livingston et Fulton, pour un espace de vingt ans, à partir de l'année 1803. On imposait seulement aux associés la condition de produire, dans l'espace de deux ans, un bateau à vapeur faisant quatre milles (7 kilomètres 400 mètres) à l'heure, contre le courant ordinaire de l'Hudson.

Dès la réception de cet acte, Livingston écrivit en Angleterre, à Boulton et Watt, pour commander une machine à vapeur, dont il donna les plans et la dimension, sans spécifier à quel objet il la destinait. On s'occupa aussitôt de construire cette machine dans les ateliers de Soho ; et Fulton, qui peu de temps après, se rendit en Angleterre, put en surveiller l'exécution.

Fulton se trouvait, en effet, sur le point de quitter la France. Son séjour à Paris, les expériences auxquelles il continuait de se livrer sur le bateau plongeur et ses divers appareils d'attaque sous-marine, excitaient à Londres, la plus vive sollicitude. On s'effrayait à l'idée de voir diriger contre la marine britannique les terribles agents de destruction que Fulton s'appliquait à perfectionner. Lord Stanhope en parla avec anxiété dans la chambre des pairs. À la suite de cette communication, il se forma à Londres une association de riches particuliers, qui se donnèrent pour mission de surveiller les travaux de Fulton.

Cette association adressa, quelques mois après, un long rapport au premier ministre, lord Sydmouth. Les faits qu'il contenait engagèrent ce ministre à attirer l'inventeur en Angleterre, afin de paralyser, s'il était possible, les effets funestes que l'on redoutait de l'emploi de ses machines infernales. On dépêcha de Londres un agent secret, qui se mit en rapport avec Fulton, et lui parla d'une récompense de 15 000 dollars en cas de succès.

Fulton se laissa prendre à l'appât de cette offre avantageuse, et se décida à quitter Paris. Il partit pour l'Angleterre en 1804.

Il se trompait néanmoins sur les vues du gouvernement britannique. On ne pouvait s'intéresser, en Angleterre, au succès d'un genre d'inventions destiné, s'il pouvait réussir, à annuler toute suprématie maritime. Le but du ministère anglais était donc simplement, de juger d'une manière positive, la valeur des inventions de Fulton, et de lui en acheter le secret, pour l'anéantir.

C'est ce qu'il finit par comprendre, aux délais, aux obstacles, à la mauvaise volonté qu'il rencontra partout en Angleterre. La commission nommée pour examiner son bateau plongeur, en déclara l'usage impraticable. Quant à ses appareils d'explosion sous-marine, on exigea qu'il en démontrât l'efficacité, en les dirigeant contre des embarcations ennemies.

De nombreuses expéditions s'exécutaient, à cette époque, contre la flottille française et les bateaux plats enfermés dans la rade de Boulogne. Le 1er octobre 1805, Fulton s'embarqua sur un navire et vint joindre l'escadre anglaise en station devant ce port. Peut-être n'était-il pas fâché d'essayer contre nous ces machines de guerre dont nous avions dédaigné l'usage. À la faveur de la nuit, il lança deux canots munis de torpilles contre deux canonnières françaises ; mais l'explosion des torpilles ne fit aucun mal à ces embarcations. Seulement, au bruit de la détonation, les matelots français se crurent abordés par un vaisseau ennemi. Voyant que l'affaire en restait là, ils rentrèrent dans le port, sans pouvoir se rendre compte des moyens que l'on avait employés pour opérer cette attaque, au milieu de l'obscurité de la nuit.

Fulton se plaignit hautement que l'échec qu'il venait d'éprouver avait été concerté par les Anglais eux-mêmes, et il demanda à en fournir la preuve. Le 15 octobre 1805, en présence du ministre Pitt et de ses collègues, il fit sauter, à l'aide de ses torpilles, un vieux brick danois du port de 200 tonneaux, amarré, à cet effet, dans la rade de Walmer, près de Deal, à une petite distance du château de Walmer, résidence de Pitt. La torpille contenait 170 livres de poudre. Un quart d'heure après que l'on eut fixé le harpon, la charge éclata et partagea en deux le brick, dont il ne resta au bout d'une minute que quelques fragments flottants à la surface des eaux.

Malgré ce succès, ou peut-être à cause de ce succès, le ministère anglais refusa de s'occuper davantage des inventions de Fulton. On lui offrit seulement d'en acheter le secret, à condition qu'il s'engagerait à ne jamais les mettre en pratique. Mais l'ingénieur américain repoussa bien loin cette proposition : « Quels que soient vos desseins, répondit-il aux agents du gouvernement chargés de lui faire cette ouverture, sachez que je ne consentirai jamais à anéantir une découverte qui peut devenir utile à ma patrie. »

Cependant, tout en s'occupant de ses inventions sous-marines, Fulton ne perdait pas de vue, pendant son séjour en Angleterre, le projet de son associé Livingston, relatif à l'établissement de la navigation par la vapeur aux États-Unis. Livingston, comme nous l'avons dit, avait commandé à l'usine de Boulton et Watt, à Soho, une machine à vapeur, sans spécifier l'objet auquel elle serait consacrée. Fulton s'occupa avec ardeur de la construction de l'appareil de navigation, qui devait servir à tenter à New-York, une entreprise qui avait déjà échoué dans un si grand nombre de pays.

Il s'inspira heureusement, pour le modèle de l'appareil moteur de son bateau, des essais qui venaient d'être faits en Écosse, par William Symington, pour établir sur les canaux la navigation par la vapeur, essais qui n'étaient que la suite et le développement des expériences que le même Symington avait exécutées douze années auparavant, de concert avec Patrick Miller et James Taylor, et que nous avons racontées avec détail, dans la première partie de cette Notice.

On se rappelle que, sur le refus de Patrick Miller, de continuer à s'occuper de la navigation par la vapeur, Symington avait dû renoncer à cette question. Il y fut ramené douze ans après, c'est-à-dire en 1801, par le désir de lord Dundas, l'un des principaux propriétaires du canal de Forth et Clyde. Lord Dundas connaissait les tentatives faites par Taylor et Symington, en 1789, à Dalswinton. Il chargea Symington de les reprendre, afin de parvenir à remplacer par la force de la vapeur les chevaux employés sur les bords du canal au travail du halage.

Les expériences de Symington embrassèrent tout l'intervalle depuis janvier 1801 jusqu'en avril 1803. Elles coûtèrent à lord Dundas des sommes considérables, car les dépenses s'élevèrent à 70 000 livres sterling (1 750 000 francs). Mais ni le temps ni les dépenses ne furent perdus, car Symington parvint à créer pour la navigation sur les canaux, une machine à vapeur de dispositions excellentes.

Le bateau construit par William Symington, reçut le nom de *Charlotte Dundas*, du nom de la fille de Sa Seigneurie, depuis lady Milton. Sa machine à vapeur, fort peu différente de celles d'aujourd'hui, était à double effet, et composée de deux cylindres, dont les tiges, venant agir sur un axe commun, faisaient tourner une roue à aubes unique, placée à la partie antérieure du bateau.

D'après la figure de cet appareil donnée dans l'ouvrage de M. Woodcroft, la chaudière, placée au milieu du bateau et faisant saillie sur le pont, envoyait sa vapeur dans deux cylindres, placés à droite et à gauche et un peu au-dessous de la chaudière. Ces cylindres étaient couchés horizontalement. Le piston de chacun d'eux venait agir alternativement sur l'un des rayons de la roue motrice du bateau. La machine à vapeur était à condenseur et à double effet.

Au mois de mars 1802, William Symington prit dans ce bateau, lord Dundas, George Dundas, son parent, officier de la marine royale, sir Archibald et plusieurs autres gentlemen. À ce bateau, on en attacha deux autres du poids de 70 tonnes chacun, l'*Actif* et le *Phénix*. Symington conduisit cet équipage, dans un intervalle de six heures, à Glascow, distant de 20 milles, ce qui représentait une vitesse de 3 milles et quart par heure, bien que pendant tout ce voyage on eût à lutter contre un fort vent debout, qui se maintint continuellement et empêchait la navigation des autres barques du canal.

Cet essai dut paraître décisif aux propriétaires du canal de Forth et Clyde, et lord Dundas en jugea ainsi. Cependant, quand la proposition leur fut adressée d'adopter les machines à vapeur comme moyen de traction sur les canaux, les propriétaires redoutèrent, non sans raison, que l'agitation des eaux produite par le mouvement de la machine à vapeur, n'endommageât les berges, et n'amenât la nécessité de réparations continuelles ; ce qui aurait entraîné, en définitive, plus de pertes que de profit.

Symington avait pourtant lieu d'espérer une solution plus favorable à ses intérêts, car lord Dundas, converti à son opinion, s'occupait activement de la faire prévaloir. Ce dernier se rendit auprès du duc de Bridgewater, créateur et propriétaire principal du canal de Forth et Clyde, et il décida Sa Seigneurie à entreprendre l'essai du nouveau système. Persuadé à son tour, le duc de Bridgewater commanda à Symington huit bateaux construits sur le modèle de la *Charlotte Dundas*, et destinés à faire le service du canal.

Symington partit aussitôt pour l'Écosse, afin de s'occuper de la construction de ces bateaux, heureux de la perspective brillante qui s'offrait à lui.

Mais une triste déception l'attendait. À peine arrivé à Édimbourg, il reçut à la fois la nouvelle de la mort du duc de Bridgewater et la notification de la résolution définitive prise par l'assemblée des propriétaires du canal, de renoncer à tout emploi de la vapeur comme moyen de traction.

Incapable de lutter contre de tels obstacles, Symington renonça pour jamais à son projet favori. La *Charlotte Dundas* fut donc reléguée sur le canal, près du pont tournant de Braindfort, où elle demeura, pendant des années entières, tristement abandonnée aux regards des passants et des curieux [28].

D'après les écrivains anglais, c'est dans les circonstances que nous venons de rappeler, que Fulton prit une connaissance détaillée de ce bateau, et s'inspira avec profit, de l'examen de sa machine à vapeur. Ces écrivains ne s'accordent pas sur la date précise de la visite faite par Fulton à la *Charlotte Dundas*. On ne peut cependant mettre le fait en doute d'après les témoignages qui ont été produits à cette occasion.

Dans son ouvrage sur la *Navigation par la vapeur* (*On steam Navigation*), M. Bovie rapporte, à ce propos, un document de la plus grande importance : c'est la déposition du chauffeur de la machine qui assistait à cette visite de Fulton, faite en juillet 1801 [29]. Voici le texte de cette pièce :

« Il arriva un jour, en juillet 1801, pendant que Symington faisait ses expériences pour lord Dundas, qu'un étranger se présenta à bord du canal et demanda à visiter le bateau. Cet étranger se nommait Fulton, il s'annonçait comme de l'Amérique du Nord, pays vers lequel il allait bientôt retourner. Il dit qu'ayant entendu parler des expériences de notre bateau à vapeur, il n'avait pas voulu quitter l'Écosse sans faire une visite à Symington, espérant obtenir l'autorisation de visiter sa machine, et de recueillir quelques renseignements sur les principes de sa construction. Fulton fit observer que quelle que fût l'utilité de la navigation par la vapeur pour la Grande-Bretagne, son importance serait bien supérieure encore pour l'Amérique du Nord, en raison du grand nombre de lacs et de rivières navigables que l'on y trouve, de l'abondance des bois de construction et du bas prix du combustible. Il crut devoir dire, en outre, que si M. Symington pouvait faire construire en Amérique de semblables vaisseaux, ou seulement en autoriser la construction, il se chargerait de cette mission. M. Symington, cédant aux désirs et à l'insistance de l'étranger, fit allumer le fourneau et mettre le bateau en mouvement. Plusieurs personnes montèrent dans le bateau avec M. Fulton, et furent transportées depuis le loch n° 16 jusqu'à environ 4 milles à l'ouest, et le bateau revint à son point de départ dans l'espace d'une heure vingt minutes, ce qui correspond à une vitesse de 6 milles à l'heure, à la grande surprise de M. Fulton et des autres personnes présentes.

« M. Fulton demanda et obtint la permission de prendre des notes et une esquisse de la forme, des dimensions et du mode de construction du bateau, qui lui furent communiqués par M. Symington. »

Le même auteur cite encore le témoignage de deux des spectateurs du même fait, Robert Dundas et Robert Weir, qui assistaient à la visite de Fulton, et confirment par une déposition analogue, l'exactitude des assertions qui précèdent [30].

Nous ne mettons pas en doute la visite de Fulton à la *Charlotte Dundas*, ni les utiles renseignements que l'ingénieur américain dut retirer de l'examen de l'appareil moteur de ce bateau. Le *Clermont* que Fulton construisit en Amérique, pour la réalisation définitive de la navigation par la vapeur, était le fruit de l'étude approfondie à laquelle il avait dû soumettre tout ce qu'il lui avait été donné d'examiner, en Amérique et en Europe, sur ce nouveau mode de constructions maritimes. Bien que l'appareil moteur du *Clermont* différât de celui de la *Charlotte Dundas*, car le bateau américain avait deux roues motrices, tandis que le bateau de Symington n'en avait qu'une seule, placée à l'avant, on ne peut contester que Fulton ait profité de tout ce qui avait été fait avant lui dans la même direction. C'était là d'ailleurs la seule manière d'atteindre le but qu'il se proposait. Il devait faire un choix éclairé entre toutes les idées qui s'étaient produites avant ses propres travaux. Tel est le droit, et souvent le mérite unique de l'inventeur. Nous ne ferons donc pas, à l'exemple des écrivains anglais, jaloux de la gloire de l'ingénieur américain, un reproche à Fulton de sa visite à la *Charlotte Dundas*. Nous n'y verrons point matière à une accusation de plagiat, mais seulement un fait très-naturel. Si Fulton emprunta quelque chose à l'ingénieur écossais, il faut convenir qu'il dépassa singulièrement son modèle et le fit bien vite oublier.

Quoi qu'il en soit, la machine à vapeur commandée par Livingston et Fulton, en 1804, à l'usine de Boulton et Watt, ne fut terminée qu'au mois d'octobre 1806. À cette date, Fulton s'embarqua à Falmouth, pour revenir en Amérique.

Il arriva le 13 décembre à New-York. À la même époque, la machine à vapeur était expédiée de l'usine de Soho à New-York, où elle fut rendue en même temps que Fulton. Quelques ouvriers de l'usine de Soho accompagnaient la machine, pour en assembler les pièces et l'installer sur le bateau qui devait la recevoir.

CHAPITRE IV

Dès son arrivée à New-York, Fulton s'occupa, de concert avec son associé Livingston, de faire construire le bateau qui devait recevoir la machine à vapeur envoyée d'Angleterre, et leur assurer le privilége promis par le Congrès des États-Unis. Ce bateau fut appelé le *Clermont*, nom d'une maison de campagne que Livingston possédait sur les rives de l'Hudson.

Le *Clermont*, qui fut construit à New-York, dans les chantiers de Charles Brown, avait 50 mètres de long, sur 5 de large ; il jaugeait 150 tonneaux. Le diamètre de ses roues à aubes était de 5 mètres. C'était donc un puissant bateau de rivière. Sa machine à vapeur était de la force de 18 chevaux. Elle était à double effet et à condenseur. Le piston avait vingt-quatre pouces anglais de diamètre et quatre pieds de course. La chaudière avait vingt pieds de longueur, sept pieds de profondeur et huit de largeur. Le *Clermont* était muni de deux roues de fonte, placées de chaque côté du bateau. Les aubes de chaque roue avaient quatre pieds de longueur, et plongeaient à deux pieds dans l'eau. Le balancier de la machine à vapeur, qui transmettait son mouvement à l'axe commun des deux roues, était placé à la partie inférieure du bâti de la machine, comme on le fait encore pour les machines de navigation pourvues du système de Watt, et qui font usage du *balancier latéral*. En un mot, l'appareil mécanique du *Clermont*, montrait réalisées la plupart des dispositions qui ont été employées plus tard pour les machines de navigation fluviale.

Il nous paraît intéressant de mettre sous les yeux du lecteur, le mécanisme à vapeur qui fut établi par Fulton sur ce bateau, aujourd'hui historique. On voit ce mécanisme représenté dans la figure 98, d'après le dessin qu'en a donné M. Woodcroft, dans l'ouvrage que nous avons plusieurs fois cité : *Origin and progress of steam navigation.*

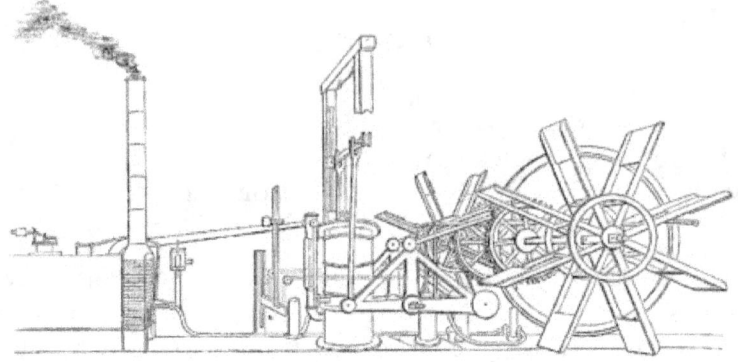

Fig. 98. — Élévation et perspective de la machine à vapeur et de l'arbre des roues du *Clermont*, construit par Fulton en 1807.

Il est facile de voir que les dispositions de la machinerie à vapeur du *Clermont* sont presque en tout semblables à celles de nos bateaux à vapeur actuels. Le *balancier latéral*, les roues à aubes, les deux cylindres, qui sont les dispositions fondamentales du mécanisme des bateaux à vapeur de nos rivières, sont manifestement dus à Fulton, qui les avait établis sur son premier bateau, en 1807.

Cette considération suffit bien pour montrer toute la valeur de l'œuvre accomplie par l'ingénieur américain. Fulton profita sans doute de toutes les idées émises avant lui ; mais il sut en composer un ensemble harmonieux, qui avait, on peut le dire, tout le mérite d'une création originale.

Cependant, la belle entreprise de Fulton, qui avait été si mal appréciée en Europe, n'était pas accueillie dans son pays, avec plus de faveur. Toute la ville de New-York condamnait ouvertement une tentative si hardie, et blâmait les proportions considérables de son navire. Il n'y avait pas dix personnes croyant à son succès, et l'on ne désignait son bateau que sous le nom de la *Folie-Fulton*. Comme les dépenses de construction avaient excédé de beaucoup leurs calculs, Livinsgton et Fulton proposèrent de céder le tiers de leurs droits à ceux qui voudraient entrer pour une part proportionnelle dans les dépenses. Personne ne profita de cette offre, qui fut regardée comme l'aveu secret d'une prochaine défaite.

Au mois d'août 1807, le *Clermont* était terminé. Il sortit, le 10 de ce mois, des chantiers de Charles Brown, et le lendemain, à l'heure fixée pour son essai public, il fut lancé sur la rivière de l'Est.

Fig. 97. — Fulton monte sur son bateau à vapeur, le *Clermont*, à New-York, pour son premier voyage, le 11 avril 1807.

Fulton monta sur le pont de son bateau, au milieu des rires et des stupides huées d'une multitude ignorante. Mais les sentiments de la foule ne tardèrent pas à changer, et au signal du départ, lorsque le bateau se mit en marche, des acclamations d'enthousiasme vinrent venger l'illustre ingénieur des indignes outrages qu'il venait de recevoir. Le triomphe qu'il éprouva dans ce moment, dut le consoler des critiques, des dégoûts, des obstacles de tout genre qu'il avait rencontrés dans l'exécution de sa glorieuse entreprise.

« Rien ne saurait surpasser, dit Colden, son biographe et son ami, la surprise et l'admiration de tous ceux qui furent témoins de cette expérience. Les plus incrédules changèrent de façon de penser en peu de minutes, et furent totalement convertis, avant que le bateau eût fait un quart de mille. Tel qui, à la vue de cette coûteuse embarcation, avait remercié le ciel d'avoir été assez sage pour ne pas dépenser son argent à poursuivre un projet si fou, montrait une physionomie différente à mesure que le *Clermont* s'éloignait du quai et accélérait sa course ; un sourire d'approbation était sensiblement remplacé par une vive expression d'étonnement. Quelques hommes dépourvus de toute instruction et de tout sentiment des convenances, qui essayaient de lancer encore de grossières plaisanteries, finirent par tomber dans un abattement stupide, et ce triomphe du génie arracha à la multitude des acclamations et des applaudissements immodérés [31]. »

Fulton, qui était demeuré insensible aux marques de mépris de ses compatriotes, ne se laissait pas détourner, en ce moment, par les témoignages de leur admiration. Il était tout entier à l'observation de son bateau, afin de reconnaître ses défauts et les moyens de les corriger. Il s'aperçut ainsi que les roues avaient un trop grand diamètre et que les aubes s'enfonçaient trop dans l'eau. En modifiant leurs dispositions, il obtint un accroissement de vitesse.

Cette réparation, qui dura quelques jours, étant terminée, Livingston et Fulton firent annoncer par les journaux, que leur bateau, destiné à établir un transport régulier deNew-York à Albany, partirait le lendemain, pour cette dernière ville.

Cette annonce causa beaucoup de surprise à New-York. Bien que tout le monde eût été témoin de l'essai sans réplique exécuté peu de jours auparavant, on ne pouvait croire encore à la possibilité d'appliquer un bateau à vapeur à un service de transports. Aucun passager ne se présenta, et Fulton dut faire le voyage seul avec les quelques hommes employés à bord.

La traversée de New-York à Albany, ne laissa aucun doute sur les avantages de la navigation par la vapeur. New-York et Albany, situés tous les deux sur les bords de l'Hudson, sont distants d'environ 60 lieues. Le *Clermont* fit la traversée en trente-deux heures et revint en trente heures. Il marcha le jour et la nuit, ayant constamment le vent contraire, et ne pouvant se servir une seule fois des voiles dont il était muni. Parti de New-York le lundi, à une heure de l'après-midi, il était arrivé le lendemain à la même heure à *Clermont*, maison de campagne du chancelier Livingston, située sur les bords du fleuve. Reparti de *Clermont* le mercredi à 9 heures du matin, il touchait à Albany à 5 heures de l'après-midi. Le trajet avait donc été accompli en trente-deux heures, ce qui donne une vitesse de deux lieues par heure. Ainsi la condition imposée par l'acte du Congrès avait été remplie.

Fig. 99. Le *Clermont*, premier bateau à vapeur de Fulton, naviguant sur l'Hudson, de New-York à Albany.

Pendant son voyage nocturne, le *Clermont* répandit la terreur sur les bords solitaires de l'Hudson. Les journaux américains publièrent beaucoup de récits de sa première traversée. Ces relations étaient sans doute empreintes de quelque exagération, mais elles se rapportent à des sentiments trop naturels pour pouvoir être contestées. On se servait, sur le bateau de Fulton, pour alimenter la chaudière, de branches de pin ramassées sur les rives du fleuve, et la combustion de ce bois résineux produisait une fumée abondante et à demi embrasée, qui s'élevait de plusieurs pieds au-dessus de la cheminée du bateau. Cette lumière inaccoutumée, brillant sur les eaux au milieu de la nuit, attirait de loin les regards des marins qui naviguaient sur le fleuve. On voyait avec surprise marcher contre le vent, les courants et la marée, cette longue colonne de feu étincelant dans les airs. Lorsque les marins étaient assez rapprochés pour entendre le bruit de la machine et le choc des roues qui frappaient l'eau à coups redoublés, ils étaient saisis de la plus vive terreur.

Les uns, laissant aller leur vaisseau à la dérive, se précipitaient à fond de cale, pour échapper à cette effrayante apparition ; tandis que d'autres se prosternaient sur le pont, implorant la Providence contre l'horrible monstre qui s'avançait en dévorant l'espace et vomissant le feu.

Nous avons dit qu'aucun passager n'avait osé accompagner Fulton dans son voyage de New-York à Albany. Il s'en présenta un pour le retour. C'était un Français, nommé Andrieux, qui alors habitait New-York. Il osa tenter l'aventure, et eut le courage de revenir chez lui sur le *Clermont*.

On raconte qu'étant entré dans le bateau, pour y régler le prix de son passage, Andrieux n'y trouva qu'un homme occupé à écrire dans la cabine. C'était Fulton.

« N'allez-vous pas, lui dit-il, redescendre à New-York avec votre bateau ?

— Oui, répondit Fulton ; je vais essayer d'y parvenir.

— Pouvez-vous me donner passage à votre bord ?

— Assurément, si vous êtes décidé à courir les mêmes chances que moi. »

Andrieux demanda alors le prix du passage, et six dollars furent comptés pour ce prix.

Fulton demeurait immobile et silencieux, contemplant, comme absorbé dans ses pensées, l'argent déposé dans sa main. Le passager craignit d'avoir commis quelque méprise :

« Mais n'est-ce pas là ce que vous m'avez demandé ? »

À ces mots, Fulton, sortant de sa rêverie, porta ses regards sur l'étranger, et laissa voir une grosse larme roulant dans ses yeux :

« Excusez-moi, dit-il d'une voix altérée, je songeais que ces six dollars sont le premier salaire qu'aient encore obtenu mes longs travaux sur la navigation par la vapeur. Je voudrais bien, ajouta-t-il en prenant la main du passager, consacrer le souvenir de ce moment, en vous priant de partager avec moi une bouteille de vin ; mais je suis trop pauvre pour vous l'offrir. J'espère cependant être en état de me dédommager la première fois que nous nous rencontrerons. »

Ils se rencontrèrent en effet quatre ans après, et cette fois le vin ne

Louis Figuier

manqua pas pour célébrer un touchant souvenir.

Fulton fit connaître au public le succès de sa belle entreprise, par une note d'une remarquable simplicité, adressée par lui aux journaux de New-York. Elle était ainsi conçue :

« À l'Éditeur du *Citoyen américain*.

« Monsieur,

« Je suis arrivé cette après-midi à quatre heures, sur mon bateau à vapeur, parti d'Albany. Comme le succès de mes expériences me fait espérer que de semblables bateaux sont appelés à prendre une grande importance dans mon pays, afin de prévenir toute opinion erronée et donner aux amis des inventions utiles la satisfaction qu'ils désiraient, je vous prie de vouloir bien donner de la publicité aux résultats suivants :

« J'ai quitté New-York lundi à une heure, et suis arrivé à une heure le lendemain mardi, c'est-à-dire en vingt-quatre heures, à *Clermont*, habitation du chancelier Livingston : distance, 110 milles. J'ai quitté*Clermont* le mercredi à neuf heures du matin, et je suis arrivé à Albany à cinq heures de l'après-midi : temps, huit heures ; distance, 40 milles, c'est-à-dire avec la vitesse de 5 milles à l'heure.

« Robert Fulton. »

Après ce premier voyage, le *Clermont* fut immédiatement consacré à un service régulier de New-York à Albany. Comme il se trouva bientôt encombré de passagers, on augmenta sa longueur de plusieurs mètres. Dès le commencement de l'année 1808, il faisait un service quotidien sur l'Hudson avec une vitesse constante de 5 milles à l'heure.

Le *Clermont* fut le premier bateau à vapeur qui indemnisa ses propriétaires des dépenses occasionnées pour sa construction.

Ce ne fut pas néanmoins sans difficultés que ce nouveau système de navigation parvint à s'établir sur l'Hudson. On prétendait qu'il serait préjudiciable aux intérêts du pays, en nuisant au développement des constructions navales. Les bâtiments à voiles qui naviguaient sur l'Hudson, endommagèrent souvent le *pyroscaphe*, en le heurtant, ou l'accostant volontairement, avec l'intention de le couler. Le Congrès de l'État de New-York fut obligé, pour mettre un terme à ces atteintes, de les considérer comme des offenses publiques, punissables d'amende et d'emprisonnement.

Malgré les obstacles inévitables que rencontre toute invention nouvelle, quand elle surgit au milieu d'intérêts contraires, depuis longtemps établis, l'entreprise de Fulton et Livingston acquit rapidement un haut degré de prospérité.

Le 11 février 1809, Fulton obtint du gouvernement américain, un brevet qui lui assurait le privilége de ses découvertes concernant la navigation par la vapeur. Pendant l'année 1811, il construisit quatre magnifiques bateaux. Le plus grand, qui prit le nom de *Chancelier Livingston*, était du port de 526 tonneaux ; il était destiné au service de New-York à Albany.

En 1812, Fulton établit deux bateaux-bacs mus par la vapeur, pour traverser l'Hudson et la rivière de l'Est. Il construisit, en même temps, divers autres bateaux, pour le compte de quelques compagnies, auxquelles il cédait les droits concédés dans son privilége. C'est ainsi que la navigation par la vapeur put s'établir en quelques années, sur les diverses branches du Mississipi et de l'Ohio.

La création, aux États-Unis, de la marine à vapeur, était l'événement le plus considérable qui se fût accompli depuis la guerre de l'indépendance. Les travaux de Fulton imprimèrent une activité nouvelle au génie américain. Les divers États virent bientôt se resserrer les liens qui les unissaient. Sur les bords de plusieurs fleuves, déserts jusqu'à cette époque, des nations entières allèrent s'établir, pour en défricher les terres et y fonder des villes. Les bateaux à vapeur portèrent ainsi la vie et le mouvement du commerce sur une foule de points où l'on comptait à peine quelques habitations disséminées. Il est reconnu que la culture des districts de l'Ohio, du Missouri, de l'Illinois et d'Indiana, fut, par cette invention, avancée de plus d'un siècle.

Jusqu'en 1815, Fulton, tout en s'occupant de quelques autres recherches qui ne pouvaient suffire encore à l'activité de son esprit, se consacra au perfectionnement de ses bateaux. Il parvint à faire entrer dans ses vues le gouvernement américain, et sa carrière se termina par la création d'un véritable monument en ce genre. En

1814, dans l'éventualité d'une guerre que pourraient provoquer les difficultés survenues entre l'Angleterre et les États-Unis, le Congrès fit construire, à New-York, d'après les plans de Fulton, une immense frégate, mue par la vapeur et destinée à la défense du port.

Ce bâtiment, dont la construction nécessita une dépense de 1 600 000 francs, et qui fut nommé le *Fulton Ier*, avait 145 pieds de long. Il était formé de deux bateaux, séparés par un espace de 66 pieds de long sur 55 de large ; c'est dans cet intervalle, et protégée ainsi contre le feu de l'ennemi, que se trouvait placée sa roue à aubes. Un bordage de 5 pieds garantissait la machine à vapeur. Plusieurs centaines d'hommes pouvaient manœuvrer sur le pont, à l'abri d'un fort rempart. Trente embrasures donnaient passage à autant de canons, qui devaient lancer des boulets rouges. Des faulx, mises en mouvement par la machine à vapeur, armaient les côtés du bâtiment, et devaient empêcher l'abordage ; tandis que de grosses colonnes d'eau, froide ou bouillante, vomies par divers tuyaux, alimentés par la machine à vapeur, devaient inonder ou brûler tout ce qui se trouverait sur le pont, dans les hunes et dans les sabords du navire ennemi qui s'approcherait pour l'attaquer.

Cependant Fulton ne devait pas être témoin des effets de cette forteresse flottante. Malgré le privilége exclusif de navigation que lui avait accordé le Congrès de New-York, il eut le chagrin de voir un grand nombre de bateaux à vapeur s'établir sur les eaux qui lui avaient été concédées [32]. Il fut ainsi amené à soutenir beaucoup de procès pénibles. En revenant de Trenton, capitale de l'État de New-Jersey, où s'était plaidée une des causes de son associé Livingston, il se trouva surpris sur l'Hudson par des froids excessifs. Le fleuve était couvert de glaces qui arrêtèrent son bateau et l'obligèrent à demeurer exposé, pendant plusieurs heures, aux rigueurs de la saison. Sir Emmet, son avocat et son ami, ayant failli périr sous les glaces, il fit des efforts inouïs pour l'arracher à la mort.

Toutes ces causes réunies déterminèrent une fièvre grave, dont on réussit pourtant à se rendre maître. Mais, à peine en convalescence, il voulut aller surveiller les travaux de sa frégate à vapeur, et resta tout un jour exposé, sur le pont, au froid et au mauvais temps. La fièvre le reprit avec une nouvelle violence, et l'enleva, le 24 février 1815, âgé seulement de cinquante ans.

Jamais la mort d'un simple particulier n'avait provoqué, aux États-Unis, des témoignages aussi unanimes de respect et de douleur. Les journaux qui annoncèrent l'événement, parurent encadrés de noir. Les corporations et les sociétés littéraires de New-York, prirent le deuil pour un certain temps, et le Congrès de l'État de New-York, qui siégeait alors à Albany, le porta pendant trente jours. C'est le seul exemple d'un témoignage de ce genre accordé, en Amérique, à un simple particulier qui n'occupa jamais aucune fonction publique, et ne se distingua du reste de ses concitoyens que par ses talents et ses vertus. Toutes les autorités de New-York assistèrent à son convoi, et la frégate à vapeur tira, en signe de deuil et d'honneur, pendant le passage du cortége.

Il faut pourtant ajouter, pour rester fidèle à la vérité, que les compatriotes de Fulton laissèrent, après sa mort, sa famille en proie à des embarras pécuniaires, qui résultaient de l'inexécution des conventions passées entre le Congrès des États-Unis et l'inventeur de la navigation par la vapeur.

CHAPITRE V

LA NAVIGATION PAR LA VAPEUR TRANSPORTÉE EN EUROPE. — SON ÉTABLISSEMENT EN ANGLETERRE. — LA **COMÈTE** DE HENRY BELL, EN ÉCOSSE. — SERVICE RÉGULIER DE BATEAUX À VAPEUR ÉTABLI EN ANGLETERRE. — LES BATEAUX À VAPEUR APPLIQUÉS AUX TRANSPORTS SUR MER. — PREMIERS ESSAIS DE NAVIGATION À VAPEUR EN FRANCE. — LE **CHARLES-PHILIPPE** LANCÉ À BERCY, PAR LE MARQUIS DE JOUFFROY. — LE PREMIER BATEAU À VAPEUR VENU À PARIS, À TRAVERS LA MANCHE. — LE PREMIER NAVIRE À VAPEUR EN AFRIQUE, RÉCIT DE M. LÉON GOZLAN.

L'Europe ne pouvait demeurer indifférente à ce qui venait de s'accomplir aux États-Unis. Si la marine à vapeur offrait à l'Amérique des avantages immenses, par suite de la configuration de son territoire, les nations européennes, en raison de l'activité, de l'importance et du nombre de leurs relations mutuelles, devaient en obtenir des services non moins étendus.

Ce n'est qu'en 1812, cinq ans après le succès de Fulton aux États-

Unis, que les bateaux à vapeur commencèrent à s'introduire dans la Grande-Bretagne. Un mécanicien écossais, Henry Bell, construisit, à cette époque, un bateau à vapeur, *la Comète*, qui fit un service de transports sur la Clyde, entre Glasgow et Greenock. Ce n'était guère là néanmoins qu'une sorte d'essai préliminaire, car la machine à vapeur de ce bateau n'avait que la force de trois chevaux.

La *Comète* de Henry Bell, qui fut lancée pour la première fois sur la Clyde, en Écosse, le 18 juin 1812, n'était du port que de 30 tonneaux. Ce bateau à vapeur, le premier qui fît en Europe un service régulier pour le transport des voyageurs, avait 40 pieds de longueur et 10 pieds 1/2 de largeur. Sa machine, qui différait peu par l'ensemble de ses dispositions de celle du célèbre bateau de Fulton, le *Clermont*, mettait en action deux roues, placées aux deux côtés du bateau. La figure 100 représente ce bateau d'après l'ouvrage de M. Woodcroft.

Fig. 100. — La *Comète*, premier bateau à vapeur anglais, construit par Henry Bell, en 1812.

Les efforts de Henry Bell pour établir en Écosse la navigation par la vapeur dataient de plusieurs années. Déjà en 1800 et 1803, il avait adressé, sans succès, des demandes à l'amirauté anglaise, pour entreprendre d'après ses vues, et aux frais de l'amirauté, des essais de navigation par la vapeur. L'amirauté ayant fermé l'oreille à ses demandes, il adressa la description de ses appareils à plusieurs gouvernements de l'Europe et à celui des États-Unis d'Amérique.

Ce que Fulton et Livingston avaient fait en Amérique, pour y établir la navigation par la vapeur, Henry Bell essaya de le faire dans la Grande-Bretagne. Il fut le premier, en Europe, à faire accepter l'emploi de la vapeur dans la navigation fluviale et maritime.

D'après les lettres rapportées par M. Woodcroft [33], Henry Bell se serait trouvé en correspondance avec Fulton, qui, de retour en Amérique, l'aurait prié de lui transmettre des renseignements exacts sur le bateau à vapeur qui fut essayé par Miller et Symington, en 1789, sur le canal de Forth et Clyde. Selon l'historien que nous venons de citer, Henry Bell trouvant qu'il y aurait de l'absurdité à s'occuper en faveur d'un étranger, d'un sujet si important, résolut de s'y consacrer pour son propre compte et pour son pays. Ayant construit différents modèles de bateaux à vapeur, et reconnu l'excellence de leurs dispositions, il fit exécuter, d'après ses plans, chez John Wood, un bateau, qu'il munit de roues à aubes et d'une machine à vapeur. C'était la *Comète*, qui empruntait son nom à l'astre chevelu qui, en 1811, c'est-à-dire pendant la construction de ce bateau, apparut à la partie nord-ouest du ciel de l'Écosse, et produisit en Europe une grande sensation.

Henry Bell fit connaître au public, par l'avis suivant, l'existence de ce nouveau moyen de transport sur les fleuves et rivières.

« *Avis aux voyageurs sur le paquebot* LA COMÈTE, *pour le service des passagers seulement, entre Glasgow, Greenock et Helensburg.*

« Le soussigné étant parvenu, après beaucoup de dépenses, à construire un élégant bateau destiné à la navigation sur la Clyde, entre Glasgow et Greenock, et qui peut être mis en mouvement à volonté par la puissance de la vapeur ou celle du vent, se propose de faire partir ce paquebot de Broomelau, les mardis, jeudis et samedis vers midi, ou un peu plus tard, selon l'heure de la marée, et de partir de Greenock les lundis, mercredis et vendredis matin, pour profiter de la marée. Par l'élégance, le comfort, la vitesse et la sécurité qu'il présente, ce bateau méritera toute l'approbation du public, et le propriétaire est disposé à faire tout ce qui dépendra de lui pour l'obtenir.

« Les prix sont pour le moment de 4 shillings pour les premières et de 3 shillings pour les secondes.

« Le soussigné dirige toujours le service pour les bains de Helensburg, et un bateau sera prêt pour transporter les passagers de la *Comète* qui veulent se rendre de Greenock à Helensburg.

« HENRY BELL.

« Helensburg-les-Bains, 5 août 1812. »

Cet appel aux voyageurs porta peu de fruits. Il régnait dans le public un préjugé si fort et des craintes si enracinées contre les dangers attachés à l'emploi de la vapeur sur les bateaux, que c'est à peine si quelques personnes osèrent s'aventurer sur le *pyroscaphe*. Les bateliers de la Clyde et les conducteurs des coches d'eau, poursuivaient de leurs cris et de leurs huées les rares passagers de la *Comète*.

Un an se passa dans ces dispositions défavorables. Aussi pendant cette première année, Henry Bell ne retira-t-il que des pertes de son entreprise. Cependant on finit par reconnaître que les passagers étaient transportés par la *Comète*, aussi rapidement sur les 24 milles de son parcours, que par le coche d'eau, et avec un tiers d'économie ; ce qui commença à réconcilier le pays avec le nouveau mode de navigation.

Les bénéfices, toutefois, n'arrivaient pas plus vite pour le propriétaire de la *Comète*. Afin d'édifier complétement le public sur les avantages et la sécurité de son bateau, Henry Bell le fit naviguer sur toute la côte de l'Écosse, de l'Angleterre et de l'Irlande. Le public se montra dès lors moins timide, et les passagers finirent par affluer sur le bateau à vapeur.

Avant l'établissement de ce paquebot, le nombre moyen des voyageurs entre Greenock et Glasgow ne dépassait pas 80 par jour. Quatre années après, il n'était pas rare de compter chaque jour, 450 passagers, jouissant du plaisir d'une excursion sur l'eau, aux bords enchanteurs de la Clyde.

Pour satisfaire l'extension croissante de la circulation entre ces deux points, Henry Bell fit construire en 1815, un bateau plus puissant : c'était le *Rob-Roy*, nom tiré d'un roman de Walter Scott. Ce bateau, du port de 90 tonneaux, et pourvu d'une machine de 30 chevaux de force, fut employé à la traversée de la Clyde et de Belfast.

Pendant l'automne de la même année, plusieurs autres bateaux, construits par Henry Bell, furent envoyés sur divers points de l'Angleterre, et commencèrent à généraliser dans la Grande-Bretagne l'emploi des machines à vapeur dans la navigation sur les rivières.

D'après R. Stuart, pendant que Henry Bell préludait en Écosse à l'établissement de la navigation par la vapeur, c'est-à-dire pendant l'année 1811, un constructeur de l'Irlande, M. Dawson, qui s'occupait, de son côté, du même objet, fit construire un bateau d'essai, du port de 50 tonneaux, qui était mis en mouvement par une petite machine à vapeur marchant à haute pression. Par une coïncidence curieuse, ce bateau reçut le nom de *la Comète*, comme celui que Henry Bell, en Écosse, lançait, pendant la même année, sur les eaux de la Clyde [34].

La navigation à vapeur prenant peu à peu de l'extension dans la Grande-Bretagne, une ligne régulière, desservie par deux bateaux à vapeur, *l'Hibernia* et *la Britannia*, fut établie entre Holy-head et Dublin.

Holy-head et Dublin sont séparées par la partie de la mer d'Irlande connue sous le nom de *canal Saint-Georges*. C'était pour la première fois, en Europe, que les bateaux à vapeur osaient naviguer en mer, pour un service continu. La régularité et la sûreté parfaites avec lesquelles s'accomplirent les traversées, dans ces parages orageux, prouvèrent suffisamment les avantages des bateaux à vapeur pour les voyages sur mer, et leur résistance extraordinaire aux accidents de la navigation maritime. Aussi vit-on, après cette épreuve décisive, plusieurs compagnies se former en Angleterre, pour établir des services de paquebots sur les rivières, entre l'Angleterre et l'Irlande, et même sur quelques points entre la côte d'Angleterre et le continent.

En 1818, M. Dawson, qui, d'après R. Stuart, comme nous venons de le dire, avait débuté dès l'année 1811 dans cette belle carrière, en même temps que Henry Bell, établit un paquebot à vapeur sur la Tamise, pour faire le service entre Gravesend et Londres. Ce fut le premier bateau à vapeur de la Tamise. En même temps, M. Lawrence, de Bristol, qui avait établi un paquebot à vapeur sur la Severn, excité par cet exemple, amena ce bateau à Londres pour le consacrer à un service régulier sur la Tamise. Mais l'opposition des bateliers et des matelots de Londres fut telle, que M. Lawrence fut contraint de renoncer à son entreprise, et de ramener son bateau sur la Severn. Plus tard, ce même bateau fut envoyé en Espagne, où il fit un service de transports de rivière entre Séville et San-Lucar.

Nous venons de voir la navigation par la vapeur débuter dans la Grande-Bretagne, marcher avec timidité, mais en définitive avec succès, dans sa voie, et triompher peu à peu des obstacles que toute invention nouvelle rencontre à son origine, obstacles qui résultent à la fois de son état d'imperfection et des résistances que lui opposent les intérêts divers qu'elle menace. Nous allons maintenant suivre dans notre pays les progrès de la navigation par la vapeur.

Ses progrès en France furent, comme on va le voir, beaucoup moins heureux dans la même période.

C'est en 1815 que l'on songea pour la première fois, parmi nous, à l'établissement de la navigation par la vapeur. La paix venait d'être conclue entre la France et les nations de l'Europe, coalisées contre sa puissance et son génie. L'industrie française profita de cette trêve de paix, pour essayer d'exploiter une invention dont la priorité, reconnue, constitue pour notre pays un titre de gloire nationale.

M. de Jouffroy, à qui revient l'honneur d'avoir le premier, dans le monde entier, fait naviguer un bateau à vapeur, avait, comme nous l'avons dit, émigré pendant la révolution et passé à l'étranger une existence obscure.

Il revint en France après la paix de Lunéville, et rassembla les débris d'une grande fortune, qu'avaient d'abord beaucoup réduite ses travaux scientifiques, et que les mesures révolutionnaires contre les émigrés, avaient fini par anéantir.

Le général de Follenai rentra en France en même temps que son ami. En 1792, il avait commandé la ville d'Avignon, alors ensanglantée par la guerre civile et les exploits de *Jourdan Coupe-*

tête. Dénoncé pour incivisme, parce qu'il avait maintenu la discipline parmi ses soldats, auxquels on prêchait ouvertement l'insubordination, il avait été mis à la retraite. Contraint de fuir d'asile en asile, les délations des terroristes, il avait fini par émigrer. À peine rentré en France, il rejoignit M. de Jouffroy, et tous deux reprirent immédiatement leur entreprise, forcément abandonnée.

M. de Jouffroy demandait au gouvernement la délivrance, en sa faveur, d'un brevet d'invention, et Follenai cherchait à former une nouvelle compagnie financière.

Le 24 décembre 1801, M. de Jouffroy écrivait du château d'Abbans à M. de Follenai :

« Comme on me demande un petit modèle, je travaille fort à celui que j'ai commencé ; j'y mets tous mes soins ; j'espère qu'il satisfera tous ceux qui le verront. Je suis presque décidé à le porter moi-même à Paris. Je chargerais sur mon chariot deux muids de mon vin blanc vieux, et nous deux, mon fils Ferdinand et moi, nous le conduirions à Paris avec le reste de l'eau de cerise et le modèle. Cela ne retarderait pas de beaucoup la construction du grand bateau, parce que le petit modèle a mis M. Marion et même mon fils Achille, dans le cas de se passer de moi pour beaucoup de choses ; mais il faudrait dans le même temps conclure un arrangement avec des fournisseurs de fonds. Cette société ne pourrait faire moins de six cent mille livres de fonds ; il faut que vous vous occupiez sérieusement de cet objet. »

Le marquis de Jouffroy ne donna pas suite à son projet de porter à Paris le modèle de son bateau. Quel singulier et touchant spectacle n'eût pas offert notre gentilhomme franc-comtois, conduisant lui-même, durant ce long trajet, à petites et laborieuses journées, le modèle de son bateau à vapeur, sur la même charrette qui portait deux muids de son vin blanc !

Le 21 janvier 1802, M. de Jouffroy écrivait à son ami :

« Mon cher Follenai, je suis ici depuis quinze jours occupé à travailler ; ce que je préfère à rester à Abbans, parce que j'ai la ressource de Marmillon. Il faut que je dépose mon modèle cacheté, plus 900 francs, et que je souscrive en outre une obligation de 750 francs ; c'est ce que coûtera mon brevet pour quinze ans ; cette somme, avec mes matériaux, m'aurait suffi pour faire mon bateau, ainsi que la machine, et les mettre en état de recevoir la pompe à feu [35]. »

À partir de 1802, de Jouffroy et Follenai se réunirent souvent, soit à Paris, soit en Franche-Comté, pour s'occuper de leur entreprise.

Mais les anciens actionnaires de leur société avaient été dispersés ou ruinés par la révolution. Aussi tous leurs efforts furent inutiles. Non-seulement on ne parvint pas à former une compagnie pour l'essai de la navigation à vapeur, mais M. de Jouffroy ne put trouver les fonds nécessaires pour se faire délivrer un brevet d'invention.

Ce ne fut qu'au retour des Bourbons que l'étoile de M. de Jouffroy commença à briller un peu. Son long dévouement à la famille royale trouva sa récompense. Il obtint les bonnes grâces de Louis XVIII, qui l'envoya comme commissaire du gouvernement dans les départements de l'Est.

Profitant de la faveur royale, le marquis de Jouffroy fit valoir ses droits comme créateur de la navigation par la vapeur, et il obtint enfin un brevet qui le déclarait l'auteur de cette découverte. Une société financière s'offrit pour exécuter les plans qu'il présentait. Le comte d'Artois se déclara son protecteur, et l'on donna le nom de *Charles-Philippe* à un bateau à vapeur qui fut construit au Petit-Bercy, et lancé avec une certaine solennité, le 20 août 1816, pendant les fêtes qui suivirent le mariage du duc de Berry.

On voit représentée (fig. 101) l'intéressante opération du lancement, fait à Bercy, du bateau à vapeur que le marquis de Jouffroy, après tant d'efforts et de luttes, avait enfin réussi à faire exécuter.

De Bercy, le bateau à vapeur fut dirigé jusqu'aux Tuileries. Les acclamations de la foule ne cessaient de l'accompagner. Quand il s'arrêta sous les fenêtres du palais des Tuileries, où se trouvaient Louis XVIII et le comte d'Artois, les acclamations redoublèrent, et durent vivement émouvoir l'âme du noble inventeur.

La fortune semblait donc sourire à la persévérance et aux talents du marquis de Jouffroy ; mais cette tardive lueur de prospérité ne fut qu'un éclair. Son privilége fut contesté judiciairement. Une compagnie nouvelle, la société Pajol, obtint un brevet et commença une exploitation rivale.

Fig. 101. — Le *Charles-Philippe*, lancé sur la Seine, à Bercy, par
le marquis de Jouffroy, le 20 août 1816.

Cette concurrence fut fatale aux deux entreprises. Les dépenses
considérables que nécessitait la construction des bateaux à vapeur,
si nouvelle parmi nous à cette époque, absorbèrent tous les fonds
des actionnaires. La compagnie de M. de Jouffroy fut ruinée, et ses
concurrents ne furent guère plus heureux. M. de Jouffroy retomba
dans l'obscurité d'où il était un moment sorti. L'auteur des premiers
essais exécutés en France pour la navigation par la vapeur, fut
contraint, après la révolution de juillet 1830, d'entrer aux Invalides,
comme ancien capitaine d'infanterie. Il y est mort du choléra,
en 1832, âgé de quatre-vingts ans, et ne laissant à ses fils d'autre
héritage que son nom.

Les bateaux à vapeur qui furent construits par la compagnie du
marquis de Jouffroy, étaient pourvus d'un mécanisme de roues
palmées, s'ouvrant et se refermant par la résistance de l'eau, d'après
le système *de la patte d'oie*, déjà employé dans le même cas, plus de
trente années auparavant, par M. de Jouffroy. La compagnie Pajol,
qui essayait en même temps d'introduire en France la navigation

par la vapeur, dut adopter des dispositions différentes de celles dont faisait usage la compagnie rivale. Pour ne pas se mettre en frais d'invention, cette compagnie décida d'aller simplement acheter à Londres, un des bateaux à vapeur qui commençaient à naviguer sur la Tamise, et de consacrer ce bateau au service de transports que l'on voulait établir sur la Seine.

Un capitaine de marine, nommé Andriel, reçut, de la compagnie Pajol, la mission de se rendre à Londres, pour s'y procurer un bateau capable de donner aux Parisiens l'idée de la nouvelle navigation, et de conduire ce bateau de Londres à Paris.

La traversée de la Manche, faite sur ce bateau à vapeur, par le capitaine Andriel et le petit équipage qui l'accompagnait, fut semée d'incidents assez curieux pour être rapportés ici. Un vif intérêt se rattache, d'ailleurs, à cet épisode du premier bateau à vapeur venu à Paris, en traversant la Manche.

Arrivé à Londres au mois de janvier 1816, le capitaine Andriel, malgré plusieurs jours de recherches, ne put découvrir sur la Tamise ni dans les docks, que trois pauvres bateaux, dont le plus fort, le *Margery*, n'avait que 16 mètres de longueur sur 5 de largeur, et n'était pourvu que d'une machine de la force de 10 chevaux. N'ayant pas le choix, il dut se contenter de ce chétif modèle. Il le débaptisa de son nom britannique de *Margery*, pour lui donner le nom d'*Élise* ; et le 9 mars 1816, il s'embarquait sur ce bateau, avec dix hommes d'équipage, y compris le mécanicien et le chauffeur.

L'*Élise* était partie du pont de Londres à midi. À trois heures on était à Gravesend. On quitta cette ville, le lendemain dimanche.

Le bateau à vapeur ne tarda pas à rencontrer sur la Tamise, un *cutter* de la marine royale.

Le commandant de ce vaisseau pressentait sans doute dès ce moment, les grandes destinées qui attendaient la navigation par la vapeur, et la supériorité qu'elle devait manifester un jour sur la marine à voiles ; car il essaya d'arrêter dans ses langes la jeune invention qui se montrait pour la première fois à ses regards. Il dirigea ses bordées vers l'*Élise*, qu'il mit plusieurs fois en danger de couler. C'est en vain que l'équipage protestait, au moyen du porte-voix, contre ses brutales attaques. Abusant de sa force, le navire courut de si près sa dernière bordée, que son mât de beaupré vint heurter la cheminée de tôle de la machine à vapeur de l'*Élise*.

Cependant, par un effort de vitesse, le bateau à vapeur parvint à se mettre hors de l'atteinte de son terrible ennemi, qui espérait sans doute, qu'en coulant l'*Élise* il aurait suffisamment établi, aux yeux de tous, les dangers du nouveau mode de navigation.

Le 10 mars, à onze heures du soir, l'*Élise* se trouvait à la hauteur de Douvres ; et le 11, elle entrait dans la Manche, à 35 milles sud de Beachy-Head, dans la direction du Havre, lorsqu'un vent du sud-ouest des plus violents, la crainte des avaries, enfin quelques murmures de l'équipage, qui n'osait braver, avec la vapeur, les dangers de la haute navigation par une grosse mer, décidèrent le capitaine à rebrousser chemin. On ramena donc le bateau à vapeur sous Demgerness, où l'on jeta l'ancre, au milieu de beaucoup de bâtiments, qui étaient venus s'y abriter comme lui.

Le mauvais temps s'étant maintenu, ce ne fut que quatre jours après, c'est-à-dire le 15, à cinq heures du matin, que l'*Élise* put reprendre la mer, et se diriger vers le Havre. Mais à midi, un fort vent du sud souleva les vagues avec tant de violence qu'elles emportèrent quatre des palettes de fer des roues du bâtiment, ce qui le força d'entrer au port de New-Haven, pour réparer cette avarie.

L'accident réparé, l'*Élise* quitta New-Haven, à une heure de l'après-midi, en présence d'une foule nombreuse, accourue de tous les environs, pour assister au spectacle nouveau d'un bateau à vapeur prenant la mer.

À peine l'équipage de l'*Élise* avait-il perdu de vue la côte d'Angleterre, que la mer devint menaçante. Les lames étaient si fortes, que la coque du bateau sortait à moitié du liquide, dès lors l'une des roues tournait hors de l'eau. Vers minuit, la tempête devint furieuse. L'équipage était épouvanté, tant de l'inégalité du jeu de la machine, par suite de l'élévation de l'une des roues hors du liquide, que de la violence de la tempête, et de l'imprévu d'une navigation qui plaçait les passagers entre le feu et l'eau, sur une chétive embarcation, par une nuit noire et une pluie battante. L'équipage, entièrement composé de matelots anglais, demanda donc à grands cris, de retourner en Angleterre, car le vent était favorable au retour.

Louis Figuier

Sans tenir aucun compte des réclamations de ses matelots, le capitaine Andriel descendit dans la cale, pour observer soigneusement toutes les parties de la machine à vapeur. Satisfait de cet examen, il donna l'ordre de continuer d'avancer.

Les vents variaient à chaque instant, et souvent avec une violence telle, qu'un navire à voiles eût été forcé de mettre à la cape. Plusieurs fois la lame, couvrant le bateau tout entier, renversa le capitaine et les matelots qui se trouvaient sur le pont.

Fig. 102. — L'*Élise*, premier bateau à vapeur venu d'Angleterre en France, est assailli, en mer, par la tempête.

Vers deux heures du matin, le capitaine était descendu dans sa chambre, pour y faire sécher ses vêtements mouillés par la mer. Il avait fait allumer un grand feu dans un poêle de fonte, composé de plusieurs pièces superposées, lorsqu'un coup de vent terrible, renversant à demi le bateau, démonta le poêle, fit rouler sur le sol les pièces qui le composaient, et répandit la houille ardente sur le plancher, recouvert de toile cirée.

Si cet accident eût amené l'incendie du bateau, nul doute qu'on n'eût attribué ce malheur au foyer de la machine, ou à l'explosion de la chaudière. En l'absence de tous témoins, cette interprétation était inévitable, et la navigation à vapeur eût été discréditée, dès son berceau, en Angleterre et en France. Les compagnies d'assurances, qui, au départ, avaient obstinément refusé d'assurer l'*Élise* et la vie du capitaine, se seraient, dans ce cas, hautement applaudies de leur prudence.

Heureusement, rien de tout cela n'arriva. Le capitaine, sans invoquer le secours d'aucun homme de l'équipage, parvint à arrêter ce commencement d'incendie, avec la seule aide de son second, qui avait compris, comme lui, combien il importait, dans ce moment, de se hâter, et surtout de se taire.

Ce danger était à peine conjuré, que la mer devenant de plus en plus dangereuse, tout l'équipage fit entendre de nouveau ses réclamations, formulées très-haut, et son impérieux désir de regagner la côte anglaise. Le capitaine Andriel résista énergiquement à ces prétentions. Il fit servir aux hommes quelques verres de rhum, et promit trois bouteilles de cette liqueur à celui qui annoncerait le premier la terre de France. Un hourra d'assentiment accueillit cette promesse, et chacun reprit son poste.

À quatre heures trois quarts du matin, deux voix crièrent à la fois : « *French light !* » (fanal français). Aussitôt le capitaine s'élança sur le pont, et malgré une mer toujours furieuse, il put se convaincre de la vérité.

À six heures du matin, l'*Élise* était en vue du Havre, après une traversée de dix-sept heures, et par une mer violente, que l'on avait vue depuis la veille, couverte de débris de vaisseaux.

Le bateau-pilote du Havre se dirigeait vers le bateau, épuisé par sa pénible lutte contre les éléments ; mais dès qu'il eut aperçu la fumée de la cheminée, qui signalait un bateau à vapeur, il vira de bord, et rentra au Havre, où l'*Élise* dut pénétrer sans guide. Malgré le mauvais temps, une foule immense remplissant les quais, attendait avec anxiété de connaître le sort du bateau à vapeur, attendu depuis plusieurs jours.

Lorsque le capitaine Andriel se présenta chez le correspondant de sa compagnie, chargé de recevoir l'*Élise*, ce dernier se refusa à croire que le capitaine eût effectué la traversée de la Manche par une mer qui avait été, pendant la nuit précédente, funeste à tant de navires. Il fallut, pour le convaincre entièrement, le conduire à bord de l'*Élise*.

Le lendemain, 20 mars, à trois heures de l'après-midi, et en présence de toute la population du Havre, l'*Élise* quitta ce port, pour se rendre à Paris, par la Seine, en traversant Rouen.

La nuit suivante fut très-obscure. Les villageois se rassemblaient sur les rives du fleuve, appelés par le bruit des roues, et effrayés à la vue des étincelles et des jets de flamme qui s'échappaient du bateau ; car l'ardeur du foyer faisait souvent rougir le bas de la cheminée, jusqu'à un mètre au-dessus du pont. Cette espèce de torche sillonnant avec rapidité le cours du fleuve, attirait de loin tous les regards, et semait l'épouvante sur son parcours. Les cris sinistres : *Au feu ! au feu !* le tocsin et les aboiements des chiens, ne cessèrent qu'au point du jour, de poursuivre la fantastique apparition.

Mais la scène changea avec le lever du soleil. On parcourait les belles rives de la Seine, aux approches de Rouen, et l'on ne trouva plus que des paysans au visage gai et épanoui, qui saluaient les passagers, en jetant leurs chapeaux en l'air.

Il fallut s'arrêter à Rouen, pour munir la cheminée du bateau à vapeur d'une partie articulée, qui permît de l'abaisser au passage des ponts.

Le 25, à onze heures du matin, l'*Élise* quittait Rouen, ayant à son bord le prince Wolkonski, aide de camp de l'empereur de Russie, Alexandre, et quelques officiers de sa suite, venus de Paris, dans cette intention. Le bateau traversa Rouen, sous les doubles couleurs françaises et russes, aux acclamations des habitants de la ville et des campagnes d'alentour, qui encombraient les quais, les fenêtres, et jusqu'aux toits des maisons.

Les officiers russes embarqués sur l'*Élise*, ne se méprirent pas sans doute, sur l'objet et l'adresse de ces hommages. La cité rouennaise saluait de ses vivats sympathiques, l'inauguration d'un système nouveau qui devait renouveler la navigation ; elle oubliait pour un moment la douloureuse présence des alliés dans la capitale de la France !

Le 28 mars, l'*Élise* mouillait sur la Seine, au pont d'Iéna, et le lendemain, les Parisiens se pressaient sur les quais, depuis la barrière de la Conférence jusqu'au quai Voltaire, où devait s'arrêter le bateau.

On avait fait porter, la veille, deux canons à bord de l'*Élise*. Arrivé au pont de la Concorde, le capitaine commanda de tirer le premier coup de canon, auquel succéda toute une salve, dont le vingt et unième coup retentit sous les fenêtres du palais des Tuileries, aux acclamations de la multitude. Le roi Louis XVIII, qui assistait à cette scène, accoudé à une fenêtre du palais, ne put s'empêcher de partager l'enthousiasme public. Il applaudit, en élevant les mains.

Là se termina l'épopée du premier bateau à vapeur venu d'Angleterre en France. Le 10 avril, l'*Élise* repartit pour Rouen, et commença un service de transports réguliers entre cette ville et Elbeuf. Mais l'entreprise s'arrêta devant des embarras qui amenèrent bientôt sa dissolution. Le bateau à vapeur dut reprendre le chemin de l'Angleterre, où son premier soin fut de rentrer en possession de son titre britannique de *Margery*, répudiant ce doux et mélodieux nom d'*Élise*, qui aurait pourtant rappelé son triomphe et ses beaux jours.

Les temps n'étaient pas encore venus pour la France, d'inaugurer, avec éclat ou avec succès, le nouveau mode de navigation.

Après les essais que nous venons de rappeler, quatre années se passèrent sans que rien fût entrepris en ce genre. En 1820 seulement, un constructeur anglais, Steel, lança sur la Seine, entre Elbeuf et Rouen, un petit bateau à vapeur, ayant pour propulseur une rame articulée, ou *patte d'oie*.

En 1821, une compagnie anglaise amena en France, deux bateaux à vapeur en fer, l'*Aaron-Mamby* et *la Seine*, qui firent sur la Seine, un service de transports. Peu après, deux autres bateaux à vapeur, *le Commerce* et l'*Hirondelle*, semblables aux deux premiers, sortaient des ateliers que Mamby venait d'établir à Charenton. L'appareil moteur de ces bateaux, construit par M. Cavé, consistait en une machine à vapeur oscillante et à haute pression.

C'est de 1825 à 1830 que nos rivières et nos grands ports de mer ont commencé à recevoir presque tous, un service régulier de bateaux à vapeur, pour le remorquage ou le transport des marchandises.

Les premiers bateaux à vapeur pour le service de la mer, qui aient été construits en France, sont, *le Courrier de Calais*, construit par M. Cavé, avec des *roues articulées*t une machine à vapeur de

60 chevaux, et le remorqueur du Havre, *le Vésuve*, construit en 1828 [36].

Mais en 1829, une catastrophe terrible, qui attrista le midi de la France, vint retarder l'essor que commençait à prendre parmi nous, la navigation à vapeur. La chaudière d'un grand bateau mis en service sur le Rhône, fit explosion à son premier voyage d'essai. Un grand nombre de victimes périrent dans ce désastre. Plusieurs personnages importants de Lyon, qui avaient pris place sur le bateau, furent au nombre des morts.

Ce malheur eut dans le midi de la France un triste retentissement. Nous avons encore présent à l'esprit, bien que dans l'enfance à cette époque, les élans de l'indignation publique, contre le constructeur de la machine, à qui l'on imputait l'événement. Ce constructeur, c'était l'Anglais Steel, l'auteur du bateau d'Elbeuf à Rouen. Dans un essai fait précédemment en Angleterre, il avait eu une jambe emportée par l'explosion d'une chaudière. Il fut au nombre des victimes du désastre du Rhône, et toute la population lyonnaise ne vit dans sa triste fin qu'un juste effet de la punition divine.

Cependant, le souvenir de cet événement douloureux finit par s'effacer ; la confiance revint aux riverains de la Saône et du Rhône, par les récits continuels des succès qu'obtenait en Amérique et en Angleterre, le nouveau mode de navigation. Les deux fleuves lyonnais commencèrent alors à recevoir un service régulier de bateaux à vapeur. L'industrie riveraine conserve aujourd'hui avec reconnaissance les noms de MM. Clément Reyre, Brettmayer et Bourdon, dont les persévérants efforts ont créé les premiers services de bateaux à vapeur sur le Rhône et la Saône.

C'est vers 1830 que la Loire, la Garonne et la Seine, ont eu leurs premiers bateaux à vapeur, pour le transport des voyageurs. Les *Hirondelles* de la Saône et de la Loire, les *Bateaux-Parisiens*, la *Ville-de-Sens*, de M. Cochot, et les *Bateaux Cavé*, avec coque de fer, sont encore dans le souvenir des riverains.

Nous avons donné le récit de l'impression que produisit sur les habitants des bords des fleuves du Nouveau-Monde la vue du premier bateau à vapeur de Fulton. On vient de lire l'émouvant épisode du voyage du premier bateau à vapeur, venu d'Angleterre en France. Pour donner une idée de l'impression produite dans une autre contrée, par l'invention des bateaux à vapeur, nous croyons devoir rapporter, en terminant ce chapitre, un événement curieux, peu connu, et qui dépeint parfaitement l'effet moral que produisit la vue du premier bateau à vapeur sur les sauvages habitants de l'Afrique.

Un célèbre romancier français, M. Léon Gozlan, se trouvait, dans sa jeunesse, au fond de l'Afrique méridionale, où il se livrait au commerce de cabotage avec les Nègres du Sénégal. Il fut témoin, de l'impression prodigieuse que produisit le premier bateau à vapeur sur les Nègres et sur les Maures, rassemblés, en troupes innombrables, sur les rives du beau fleuve qui arrose l'île Saint-Louis.

Dans un de ses ouvrages, M. Léon Gozlan a rapporté, avec les plus intéressants détails, ce curieux épisode. Nous laisserons cet écrivain nous raconter lui-même les faits dont il fut témoin.

« Je me trouvais, dit M. Léon Gozlan, en Afrique, en 1826, dans le fleuve du Sénégal, à l'île Saint-Louis. Si je raconte en mon nom, ce n'est ni par vanité de voyageur, ni pour donner plus de garantie au récit de l'événement, dont je fus témoin ; c'est afin d'imposer à mes souvenirs, en les recueillant à quelques années de distance, la franchise d'un fait personnel.

« À mon arrivée au fort Saint-Louis, le commerce de cette capitale de la colonie avec l'intérieur de l'Afrique était interrompu. Les belles gommes blondes, les écailles transparentes fraîchement arrachées au dos des tortues, l'ivoire des éléphants, les plumes si blanches tombées des ailes de l'autruche, la cire jaune et parfumée de Gambie, toutes ces richesses ne traversaient plus le désert sur la bosse industrielle du dromadaire, et ne descendaient plus le fleuve dans des pirogues escortées de crocodiles.

« La cause de cette rupture d'échanges entre nous et les naturels provenait d'une dernière crise qui avait eu lieu entre les Maures et les Nègres, nations éternellement ennemies à nos dépens. Les Maures triomphaient, et, en haine des Nègres que nous protégions, ils nous interdisaient la libre navigation du fleuve. Ce moyen de vengeance leur était facile, si l'on songe que le Sénégal n'est navigable que pour les bâtiments de quelques tonneaux, ordinairement mal ou peu équipés, forcés de longer la côte quand la direction des vents nécessite le touage…

« Vaincus, je l'ai dit, les naturels n'avaient d'autre refuge que les alentours de l'île Saint-Louis, où la protection française leur était à peine une garantie. Aussi la terreur était parmi eux. Il suffisait d'un cri poussé par un Maure au milieu de la nuit, à l'entrée d'un village, pour en faire sortir hommes, femmes, enfants, prêtres, bestiaux. Le village était ensuite pillé et la flamme le consumait en quelques heures.

« À force d'agrandir le cercle de leurs dévastations, les Maures étaient parvenus à cerner l'île Saint-Louis à la distance de deux lieues. Nous entendions souvent les cris des vainqueurs se mêler aux hurlements des hyènes. Une nuit, entre autres, l'épouvante s'empara des habitants de l'île. Achmet avait été vu à la *pointe du Nord* [37].

« Achmet, ce terrible chef des guerriers Maures, appartenait à la race des Ouladamins, la plus féroce de toutes, anthropophage même selon quelques-uns. Court mais robuste, il emportait sur ses épaules son petit cheval à tous crins, quand son cheval était las de le porter, se servant réciproquement de monture, le cheval et le cavalier. Capable de franchir un ruisseau de vingt pieds (6^m,67), lorsqu'il était poursuivi, Achmet ramassait, accroupi sur son cheval lancé au galop, un cheveu sur le sable. Toujours dans la même attitude, il chargeait son arme et la déchargeait en arrière, sans jamais manquer son but, fût-ce un homme ou un crocodile. Achmet pouvait encore, dans ses moments de gaieté, tuer un âne zébré d'un coup de poing, ou étouffer un chameau par la simple pression des genoux. Toutes ces belles qualités étaient alors tournées vers la guerre et le pillage.

« Achmet venait de remporter une éclatante victoire sur les Nègres ; et ce coup de main l'avait encouragé à rapprocher ses ligues militaires, avec audace, autour du fort Saint-Louis.

« Si l'on demande ce que faisait le gouverneur français de la colonie pendant ces massacres exercés par les Maures, sur un territoire qu'après tout nous devions défendre, aussi bien que les naturels, la négligence de la métropole répondra. On n'imagine pas l'insouciance du gouvernement pour ce qui touche aux intérêts des colonies africaines. Jamais un bâtiment d'État français ne stationne en rade ou dans le fleuve. Si les Nègres brûlaient un beau jour l'île Saint-Louis, il s'écoulerait peut-être trois ans avant que le ministre de la marine et des colonies en reçût avis.

« Par une fatalité qui aurait pu avoir des résultats funestes, si les Maures avaient eu des émissaires mieux avisés, la garnison de l'île était morte. La dyssenterie n'avait pas plus épargné les chefs que les soldats.

« Dans leurs derniers triomphes, les Maures ayant fait peu de prisonniers, nous vîmes arriver au fort Saint-Louis les peuplades conquises, nues, traînant par une corde les vieillards qui traînaient leurs fétiches. Les mères portaient leurs enfants attachés à leur dos, rejetant leurs mamelles sous leurs aisselles pour allaiter les plus jeunes. Les petites filles balançaient sur la tête d'énormes calebasses, gigantesques citrouilles creuses, d'où sortaient, comme d'un nid de corbeaux, des négrillons nouveau-nés. À la suite venaient des vaches, des moutons, des bœufs, quelques autruches, et les jeunes hommes nègres qui formaient l'arrière-garde. Un tourbillon de poussière enveloppait cette caravane effrayée ; hommes et bêtes remplissaient l'air de gémissements, de bêlements et de mille exclamations de douleur. Cette procession de blessés, de vaincus, de mourants, alla s'abattre dans la cour du gouverneur, vaste emplacement que mes souvenirs, bien affaiblis depuis, me représentent d'une étendue égale à la moitié du Carrousel...

« Pour toute réponse aux doléances des Nègres, le gouverneur du Sénégal leur montra d'abord, du haut de la terrasse de son hôtel, un navire mouillé dans le fleuve. « Je lis dans vos yeux, leur dit-il ensuite, que ce bâtiment vous paraît parfaitement inutile, car il cale trop pour remonter seulement dix lieues dans le fleuve ; et, d'ailleurs, le fleuve est presque à sec. Mais rassurez-vous ; dans l'intérieur de ce bâtiment il y en a un autre d'une dimension trois fois plus grande, qui porte six pièces de canon de chaque côté, qui ne déplace pas plus d'eau que vos pirogues, et qui, sans voiles, sans mâts, sans avirons, remontera le fleuve contre le vent, contre le courant, en parcourant six lieues à l'heure. Ce navire, je vous le destine ; il sera monté par un équipage moitié jolof, moitié français. Je pense, mes amis, qu'avec un tel secours, vous exterminerez jusqu'au dernier des Maures, vos ennemis et les nôtres. »

Louis Figuier

« L'excès profond de leurs maux, joint à la vénération que leur inspirait le gouverneur, put seul défendre les pauvres Nègres contre le rire d'incrédulité, de pitié, et peut-être de mépris, que souleva dans leur esprit la proposition de les sauver avec un tel auxiliaire. Quelle confiance devaient-ils avoir dans la réalisation d'un événement qui, pour être conçu, contrariait toutes leurs idées, bouleversait leur intelligence ? Forcer un Nègre à admettre qu'un navire peut être enfermé dans un autre, vouloir sans violence lui faire croire que le contenu est trois fois plus grand que le contenant, essayer de persuader à sa raison rétive qu'un vaisseau de guerre ne plongerait pas plus qu'une pirogue, et que cette merveille se lierait à une merveille plus grande encore, qu'on verrait ce vaisseau, privé de mâts et de voiles, dompter le courant du fleuve le plus rapide du monde, c'était en vérité une dérision. Ils protestèrent par leur silence contre cette insulte ; ils se répandirent en pleurant dans l'île Saint-Louis, racontant de case en case l'insensibilité des blancs et l'inhumanité du gouverneur.

« Dès le lendemain même de cette entrevue des nègres avec le gouverneur, l'*Orient*, vaisseau venu de Nantes, je crois, débarqua, pièce à pièce, tous les membres du navire à vapeur. Des charpentiers et des mécaniciens français rapportèrent, avec une science digne d'admiration, chaque compartiment au compartiment correspondant ; depuis l'étrave jusqu'à l'étambot, aucune pièce de bois ne se trouva égarée ou changée ; il n'y eut pas une vis perdue dans ces formidables amas de fer, d'acier et de cuivre, de toute forme, de toute pesanteur, dans ces millions de rouages qui composent l'inextricable système de la machine à vapeur. On n'aurait pas mieux conservé dans sa boîte de drap et d'acajou une paire de pistolets de Lepage.

« Dix jours ne s'étaient pas écoulés, que le navire à vapeur destiné à protéger le commerce français sur le haut du fleuve était en pleine construction. Autour de sa carène circulaient jour et nuit des myriades de nègres qui ne jugeaient pas encore de l'excellence des résultats par l'importance des préparatifs. Cependant, ayant passé de l'absolue incrédulité au doute, ils se consultaient sur ce qu'il fallait espérer et croire. À leurs groupes inquiets se mêlaient des groupes de Maures qui, tolérés à cause de leur existence inoffensive dans l'île, raillaient malicieusement, en langue arabe, cette ridicule

Babel qui ne devait pas plus remonter le fleuve que la Babel véritable n'avait atteint le ciel. Pourtant, le mépris philosophique ne les rassurant pas tous également, de plus superstitieux piquaient des *gris-gris* [38] maléfiques à la poupe du navire, pour l'entraîner au fond dès qu'il serait lancé dans le fleuve, précaution neutralisée par d'autres *gris-gris* qu'attachaient les nègres à la proue. Je pense que si Dieu exauçait également la prière de tous ceux qui l'invoquent, même avec sincérité, rien de ce qui doit arriver n'arriverait, et que le navire à vapeur serait resté à la même place.

« Lorsque Achmet apprit par ses espions que les blancs se disposaient à protéger les Nègres par le concours de ce vaisseau fabuleux, il fut gagné d'un fou rire, et il jura par sa tête, par son sabre et par ses amulettes, que, si un tel événement s'accomplissait, il prenait devant Dieu et ses guerriers l'engagement solennel de remonter le fleuve, à cheval, côte à côte avec le vaisseau...

« C'est sous ce ciel brûlant, et au bord de ce fleuve, que déjà sont rassemblées les populations les plus lointaines, venues là pour assister au miracle qu'elles ont nié, pour être témoins de la naissance du Messie de la civilisation. Un roi maure, conduit par une étoile, fut autrefois appelé pour que son témoignage révélât aux peuples de sa couleur la venue du Rédempteur. Il y a là aussi un roi maure : le miracle, c'est le navire à vapeur.

« Plaçons-nous dans l'île. La côte de Barbarie ou du désert est occupée par les Maures ; la côte d'Afrique, par les Nègres. Aussi loin que l'œil peut se perdre, et rien ne l'arrête dans ces contrées, il ne rencontre d'un bout de l'horizon à l'autre que des Nègres et des Maures. Chaque grain de sable a fécondé un homme. Ici, c'est une ligne noire comme du charbon, là une ligne jaune de cuivre. Les blancs restés dans l'île ne font pas même tache entre ces deux sombres couleurs. Pourquoi ces hommes, se donnant la main, ne descendent-ils pas dans l'île et n'écrasent-ils pas, dans le choc de leur rencontre, cette poignée de dominateurs, frêle garnison de fiévreux et de soldats énervés ? Pourquoi ?

« C'est que là, au milieu du fleuve, est un symbole de la force unie à l'intelligence ; là est l'arme formidable du progrès, là sont dix-huit siècles de puissance résumés dans une puissance.

« Sur les deux bords éclatent de bruyantes exclamations de haine et de raillerie. Les Maures narguent les Nègres de leur crédulité, et, par orgueil de vengeance plus encore que par conviction, ceux-ci leur désignent du doigt les douze bouches à feu luisant par les sabords. Les malédictions et les rires de cent mille sauvages se croisent ; on dirait deux armées de crocodiles se disputant le droit de boire au fleuve.

« Les deux lignes rivales ne sont débordées que par Achmet, le chef maure. Son superbe cheval, admirablement posé sur une langue de terre, visible à tous par sa taille et par sa blancheur, était prêt à s'élancer dans le fleuve, si le prodige promis s'accomplissait.

« Ordre sévère avait été donné par le gouverneur pour qu'aucune pirogue ou embarcation quelconque ne traversât le fleuve dans la journée.

« Aucun Nègre ne devait se trouver à bord du bâtiment à vapeur sous peine de mort.

« Ces précautions avaient été prises afin qu'aucun accident ne mît obstacle à la libre navigation du vaisseau et aux évolutions des manœuvres.

« À trois heures de l'après-midi, le canon de la Place du Gouvernement tira : c'était le signal du départ.

« Le drapeau blanc flotte sur la terrasse.

« Le gouverneur y paraît en grand costume.

« Le navire à vapeur répond par un autre coup de canon.

« Et deux peuples se lèvent : cent mille hommes, se liant par la main, retiennent leur haleine.

« Il se fit un grand silence.

« On n'entendit bientôt plus que la voix du capitaine de vaisseau, qui, debout à l'arrière, la trompette marine à la bouche, commandait la manœuvre.

« Après ce dernier ordre sacramentel : *Adieu ! va !* une petite fumée révéla un commencement d'exécution.

« Les roues bruirent sourdement. Plus dense, plus obscure, la fumée monte en colonne épaisse ; elle devient plus épaisse, plus noire, elle gronde. La poupe se déplace, la proue se remue ; mais voilà que le vaisseau, au lieu de vaincre le courant, se laisse aller en pleine dérive ! il est entraîné.

CHAPITRE V

« Les gémissements des Nègres, la joie féroce des Maures, n'ont pas le temps d'aller de leur cœur à leurs lèvres. Noire et rougeâtre à la fois, la fumée s'abat comme un long panache sur la côte d'Afrique, au-dessus des arbres d'où partent des nuées de pélicans effrayés. Recevant tout à coup une direction opposée à celle qui avait déterminé le mouvement de recul, le navire s'élance comme un poisson volant au-dessus de l'eau, dompte le courant avec ses nageoires de fer, là où le courant est le plus rapide, dévore les distances, passe tout silencieux, tout noir, tout enflammé, au front des cent mille spectateurs qu'il baigne d'écume et qu'il enveloppe de fumée, et, pour combler leur étonnement, il lance de sa masse noire, dépouillée, et où pas un être vivant ne se montre, des fusées à la congrève qui brûlent à droite et à gauche des champs destinés d'avance à cette expérience incendiaire.

Fig. 103. — Le premier navire à vapeur en Afrique.

Louis Figuier

« La frénétique joie des Nègres ne peut pas plus se rendre que la douleur étouffée des Maures, qui s'enfoncèrent dans le désert comme des tigres blessés au front, l'écume aux lèvres. Les Nègres faisaient dans leur ivresse d'inexprimables contorsions, levaient les bras, se mordaient, se précipitaient à terre, où ils creusaient le sable avec leur tête, ce qui est chez eux le plus haut signe de bonheur ou de désespoir.

« Achmet fut fidèle à sa menace. Dès que le prodige fut réalisé, du tertre où il dominait les deux rives, il s'élança à cheval dans le fleuve, agitant son sabre, criant *Allah !* courageusement décidé à lutter de miracle avec le miracle, qu'il avait nié. Après avoir maîtrisé le fil descendant de l'eau, là où le peu de profondeur le lui permettait, il fut irrésistiblement entraîné dans une ligne perpendiculaire à celle du navire à vapeur…

« Achmet continuait toujours à être emporté avec plus de vitesse. Déjà il est dans le bouillonnement du vaisseau ; il jette son sabre pour saisir à deux mains la bride de son cheval, mais son cheval étouffe dans cette écume que lui renvoient les roues dans les naseaux. Il plonge, reparaît, hennit, replonge. Achmet, pris dans les étriers, s'agite en vain ; il surnage, s'enfonce de nouveau, revient un instant, mais pour avoir la tête brisée par les rayons de la roue. Il y eut une nuance rouge dans le tourbillon ouvert derrière le vaisseau. Cette mort fut un nouveau triomphe pour les Nègres…

« Un mois après cet événement, nos relations commerciales étaient renouées avec toutes les escales du fleuve, jusqu'à Galam, extrême limite de nos possessions en Afrique [39]. »

Tel est l'événement dramatique et curieux, qui s'accomplit en présence de M. Léon Gozlan.

Reprenons maintenant la suite de notre récit.

La navigation par la vapeur avait à prendre un dernier, et on peut le dire, un sublime essor. Il lui restait à accomplir les voyages de long cours, à essayer de faire, sans désemparer, la traversée de l'Atlantique. C'est en 1836 que s'opéra cette grande et nouvelle phase dans l'évolution de la découverte admirable dont nous racontons l'histoire.

CHAPITRE VI

LA NAVIGATION TRANSATLANTIQUE. — PREMIÈRES TENTATIVES :
VOYAGE DU **SAVANNAH** EN 1819 ET DE **L'ENTREPRISE** EN 1825. —
VOYAGE TRANSATLANTIQUE DU **GREAT-WESTERN** ET DU **SIRIUS** EN
1838. — DERNIERS PROGRÈS DE LA NAVIGATION À VAPEUR JUSQU'À
NOTRE ÉPOQUE.

Quelques tentatives qui remontaient bien avant l'année 1836, avaient déjà fait entrevoir la possibilité d'étendre le mode de navigation par la vapeur, aux voyages de long cours. Déjà, en 1819, un navire américain, le *Savannah*, avait eu l'audace d'entreprendre un voyage entre l'ancien et le nouveau monde. Les circonstances qui accompagnèrent cette tentative méritent d'être brièvement racontées.

Vers l'année 1818, le capitaine Moses Rogers, de Savannah (ville et port de la Géorgie, l'un des États de l'Amérique du Nord), conçut le projet de faire construire un bateau à vapeur, destiné à un service régulier entre l'Amérique et l'Europe. Il s'adressa, à cet effet, à une société de capitalistes, qui résolurent de tenter l'épreuve. En conséquence, on acheta à New-York, un beau navire à voiles, dont les proportions semblaient les plus convenables pour atteindre ce but. On lui conserva son gréement et ses accessoires de bâtiment à voiles, et l'on y installa une machine à vapeur horizontale et des roues à aubes. Ces roues étaient construites de manière à pouvoir se démonter et se replier sur le pont, comme un éventail fermé. Son arbre de couche était organisé dans les mêmes conditions. La cage des roues se composait de toiles goudronnées, étendues sur des branches de fer. On lui donna le nom de *Savannah*, pour rappeler la ville d'Amérique d'où il était parti pour la première fois, avec son outillage à vapeur.

Le *Savannah* était du port de 389 tonneaux, gréé en trois-mâts-barque. Il partit de Savannah, le 26 mai 1819, et arriva à Liverpool, en Angleterre, après une traversée de vingt-cinq jours, sur lesquels sa machine fonctionna dix-huit jours seulement.

D'après une autre version, et suivant le témoignage d'un des officiers du *Savannah*, il n'aurait mis que dix-huit jours à ce voyage et sa machine n'aurait fonctionné que pendant sept jours.

Ce qu'il y a de certain, c'est qu'au milieu de l'Atlantique, dans la crainte de manquer de combustible, on démonta les roues, pour épargner le charbon, et profiter d'une brise favorable. Seulement, aux approches de la côte d'Angleterre on replaça tout l'appareil de locomotion, afin de terminer le voyage comme il avait été commencé, c'est-à-dire à l'aide de la vapeur.

La vue de ce bâtiment, venant du large sans l'aide de la voile, excita la plus vive admiration sur la côte britannique. Comme le *Savannah* remontait le canal Saint-George, le commandant d'une division anglaise, voyant venir à lui un bâtiment à sec de toile et couronné d'une épaisse fumée, qui paraissait s'échapper de sa mâture, crut que le navire était en feu. Il se hâta, après s'être approché du navire, d'envoyer deux canots à son secours. Mais, dès qu'il eut reconnu son erreur, il se rendit lui-même le long du bord du steamer, pour examiner plus attentivement cette merveille.

À l'entrée des docks de Liverpool, le *Savannah* fut reçu avec des hourras d'enthousiasme. Le capitaine se vit fêté par tous les corps constitués de la ville [40].

Après ce succès, le *Savannah* se rendit dans la mer Baltique. Se trouvant dans le port de Cronstadt, il essuya une tempête des plus violentes, à laquelle toutefois il put échapper, grâce au secours de ses roues, au moment où un grand nombre de bâtiments à voiles se perdaient autour de lui. Pendant son séjour à Saint-Pétersbourg, l'empereur Alexandre fit à ce steamer une visite détaillée. Pour témoigner l'admiration que lui inspirait le nouveau paquebot transatlantique, il fit accepter au capitaine Rogers deux magnifiques chaînes en fer provenant des arsenaux de la Russie et dont une (la seule relique qui reste aujourd'hui de l'aventureux navire) est encore conservée dans le jardin de M. Dunning, à Savannah, en souvenir de cette entreprise audacieuse.

À son retour à Savannah, après sa tournée en Europe, ce steamer fut envoyé à Washington, où il fut vendu. On lui enleva alors sa machine, et il redevint paquebot à voiles. Il a terminé sa carrière aventureuse sur Long-Island, où il se perdit dans un dernier voyage.

Après le tour de force de navigation qui fut accompli par

le *Savannah* en 1819, on cite encore, dans le même ordre de tentatives, le steamer anglais *l'Entreprise*, qui, en 1825, fit le voyage des Indes. Parti de Falmouth, ce navire, qui se servit alternativement du vent et de la vapeur, resta quarante-sept jours à aller du cap de Bonne-Espérance à Calcutta.

À la même époque, un bâtiment hollandais réussit à exécuter, en se servant alternativement de ces deux moyens, le voyage d'Amsterdam à Curaçao, dans les Antilles.

Le succès de ces deux derniers voyages fit concevoir l'espoir de traverser l'océan Atlantique par le seul secours de la vapeur. À l'Angleterre appartient l'honneur d'avoir accompli cette grande entreprise, et d'avoir réalisé le fait, longtemps regardé comme un rêve, d'exécuter le voyage d'Amérique avec des bâtiments à vapeur.

C'est en 1836 que l'on parla pour la première fois, en Angleterre, de ce projet hardi, qui rencontra dès le début de vives résistances de la part des marins et des savants. Des hommes du métier, d'une autorité incontestable, affirmaient qu'il serait impossible d'établir un service régulier de bateaux à vapeur pour la traversée de l'Océan. Tout ce que l'on pouvait espérer, disait-on, c'était de passer des ports les plus à l'ouest de l'Europe aux îles Açores ou à Terre-Neuve, pour y renouveler la provision de combustible.

Des raisons puissantes semblaient justifier cette prédiction décourageante. Il fallait franchir une distance d'environ 1 400 de nos lieues terrestres, sans trouver un seul point de relâche intermédiaire, qui pût fournir aux navires un secours ou un abri. En outre, l'Atlantique est souvent agité par de violentes tempêtes, et le trajet vers le Nouveau-Monde est coupé de nombreux courants contraires aux vaisseaux partis d'Europe ; de telle sorte que ce voyage, effectué par des navires à voiles, exige ordinairement trente-six jours.

La quantité de charbon à emporter pour suffire, pendant cette longue traversée, à l'alimentation de la chaudière, semblait donc, au dire des marins, devoir opposer à cette entreprise une difficulté insurmontable. L'exemple invoqué du steamer *l'Entreprise*, qui avait fait, en 1825, le voyage des Indes, était loin, ajoutait-on, d'être concluant, car ce navire avait relâché au cap de Bonne-Espérance. Il avait mis quarante-sept jours pour atteindre de ce port, à

Calcutta, et avait fait alternativement usage de la vapeur et des voiles. On pouvait en dire autant du *Savannah*, qui avait accompli, en 1819, la traversée de New-York en Angleterre : ce navire avait employé, comme nous l'avons dit, la voile, en même temps que la vapeur, et avait mis un retard de six jours sur la marche des navires ordinaires.

Une autre question importante se débattait entre les gens d'affaires : c'était la cherté de ce moyen de transport. Le vent qui enfle les voiles d'un vaisseau, ne coûte rien ; tandis que l'alimentation d'une chaudière à vapeur occasionne une dépense considérable. De plus, une machine installée à bord d'un vaisseau, occupe un grand espace, qui est perdu pour les marchandises, et diminue par conséquent, les bénéfices du transport. La cherté du fret des bâtiments à vapeur pourrait donc difficilement, disait-on, soutenir la concurrence de la navigation à voiles.

Les savants ne se montraient pas plus favorables au nouveau projet. Un professeur de Londres, Dionysius Lardner, dans un ouvrage qu'il publia sur les effets de la vapeur, se livra à une série de calculs, pour démontrer l'impossibilité de réussir dans cette entreprise. Il se rendit même à Bristol, et dans une des conférences publiques qui furent tenues à cet effet, il déclara qu'essayer de traverser l'Atlantique avec les paquebots à vapeur, serait aussi insensé que de « prétendre aller dans la lune ».

Cependant l'industrie britannique discute peu. Il n'est point d'entreprise, si hardie, si téméraire qu'elle soit, qui ne trouve en Angleterre ses moyens d'exécution. Tandis que les savants dissertaient, tandis que les négociants calculaient, tandis que les hommes de mer critiquaient, des centaines d'ouvriers étaient occupés, dans les chantiers de Bristol, à construire un immense navire qui devait triompher de toutes les prophéties contraires. Au commencement de 1838, le *Great-Western* était terminé. C'était un des plus élégants et des plus majestueux navires qui fussent encore sortis des chantiers de la marine britannique. Il jaugeait 1 340 tonneaux, et sa longueur était de 240 pieds. Les deux machines à vapeur qu'il contenait, étaient de la force de 450 chevaux. On peut se faire une idée de ses dimensions, en se figurant un vaisseau de ligne de 80 canons. Outre son appareil à vapeur, il portait quatre mâts à voiles, destinés à suppléer, si cela était nécessaire, à l'action de la vapeur. Les roues avaient 8 mètres et demi de diamètre, et leurs palettes 3 mètres et demi de longueur. On avait épuisé dans les dispositions de l'intérieur, toutes les ressources du luxe.

Au mois de mars 1838, la construction du *Great-Western* était terminée, et peu de temps après, sur les murs de la salle même de Bristol où le professeur de Londres avait rendu ses oracles, on lisait une affiche ainsi conçue : « Le GREAT-WESTERN, *commandé par le lieutenant Hosken, partira de Bristol pour New-York, le 4 avril.* »

Sur cette annonce, une autre compagnie se décida à tenter la même entreprise. Le *Sirius*, navire à vapeur jaugeant 700 tonneaux, et muni d'une machine de la force de 320 chevaux, se disposa à essayer, en même temps que le *Great-Western*, le voyage transatlantique.

Le 5 avril 1838, le *Sirius* partit de la rade de Cork, en Irlande : c'est le port des Îles Britanniques le moins éloigné des États-Unis. Il emportait 453 tonneaux de charbon, et 53 barils de résine, destinés à servir de combustible.

Trois jours après, le *Great-Western* appareillait à Bristol, pour New-York, avec 660 tonneaux de charbon. Sept passagers seulement avaient osé braver les chances du voyage.

C'est alors que commença la lutte la plus étonnante dont l'Océan eût jamais été le théâtre, entre ces deux navires marchant par la seule puissance de la vapeur etcherchant à se dépasser l'un l'autre, sur la vaste carrière de l'Atlantique.

Le vent, qui ne cessait de souffler de l'ouest, leur opposa, pendant les premiers jours, des obstacles devant lesquels auraient reculé les plus forts navires à voiles : leur marche n'en fut pas un instant retardée.

Pendant la première semaine, le *Sirius* fit peu de chemin, parce que le combustible le surchargeait ; mais, à mesure qu'il s'allégea en brûlant sa houille, sa vitesse s'accrut rapidement. Le 22 avril, les deux vaisseaux couraient sous la même latitude, séparés seulement par la faible distance de 3 degrés en longitude. Enfin la victoire resta au *Sirius*, qui avait eu trois jours d'avance. Dans la matinée du 23, il se trouvait en vue de New-York.

On était prévenu, dans ce port, de l'arrivée prochaine des deux bâtiments anglais. Chaque jour, une foule immense se pressait sur le rivage, interrogeant l'horizon. Parmi les spectateurs qui portaient avec anxiété leurs regards sur l'Océan, se trouvaient quelques vieillards, qui avaient été témoins autrefois du départ de la *Folie-Fulton*, et qui, racontant à leurs amis comment avaient été trompées à cette époque, toutes les prévisions et toute la sagesse des temps passés, annonçaient, avec un chaleureux espoir, la prochaine venue des envoyés de l'ancien monde.

Enfin, le 23, au matin, on vit poindre à l'extrémité de l'horizon, une légère colonne de fumée. Peu à peu elle se dessina plus nettement, et le corps tout entier du navire parut sortir des profondeurs de la mer.

Fig. 104. — Le *Great-Western* et le *Sirius* entrant dans le port de New-York, après la traversée de l'Atlantique.

C'était le *Sirius* qui arrivait d'Angleterre, après une traversée de dix-sept jours. Il franchit les passes, et entra dans la baie de New-York, faisant flotter sur ses mâts lespavillons réunis d'Angleterre et d'Amérique. Quand il pénétra dans la rade, les batteries de l'île Bradlow le saluèrent de vingt-six coups de canon ; et aussitôt les eaux se couvrirent de milliers de bateaux, partant à la fois de toutes les directions. Les navires du port se pavoisèrent de leurs pavillons aux mille couleurs ; le carillon des cloches se mêla au bruit retentissant de l'artillerie, et toute la population de New-York, rassemblée sur les quais, salua de ses acclamations d'enthousiasme le *Sirius*, laissant tomber au fond de l'Hudson, la même ancre qui avait mouillé, dix-sept jours auparavant, dans un port d'Angleterre.

L'émotion des habitants de New-York avait eu à peine le temps de se calmer, que le *Great-Western* se montrait à son tour. Arrivant avec toute la vitesse de sa vapeur, il vint se ranger dans le port, à côté de son heureux rival.

Le *Sirius* fit entendre trois hourras de victoire à l'entrée du *Great-Western*. Les batteries de la ville le saluèrent d'une salve d'artillerie, à laquelle il répondit par le salut de son pavillon ; tandis que tout son équipage, réuni sur le pont, portait la santé de la reine d'Angleterre et du président des États-Unis :

« Comme nous approchions du quai, rapporte le journal d'un des passagers du *Great-Western*, une foule de bateaux chargés de monde s'amassèrent autour de nous. La confusion était inexprimable ; les pavillons flottaient de toutes parts ; les canons tonnaient et toutes les cloches étaient en branle. Cette innombrable multitude fit retentir un long cri d'enthousiasme qui, répété de loin en loin sur la terre et sur les bateaux, s'éteignit enfin et fut suivi d'un intervalle de silence complet qui nous fit éprouver l'impression d'un rêve. »

Quelques jours après, les deux navires quittaient New-York, pour revenir en Europe. Cette seconde épreuve eut le même succès. Le *Sirius* arriva à Falmouth, après un voyage de dix-huit jours et sans aucune avarie. Le *Great-Western*, parti de New-York le 7 mai, arriva à Bristol, après quinze jours seulement de traversée. Il avait eu à supporter plusieurs jours de vents contraires, et dans le cours d'une violente tempête, il n'avait pu faire que deux lieues à l'heure.

Le problème de la navigation transatlantique par la vapeur, fut pleinement résolu par ces deux mémorables voyages. Peu de temps après, le gouvernement confiait au*Great-Western* le transport régulier de ses malles et des voyageurs. Le *Sirius*, qui fut trouvé trop faible pour le service de l'Atlantique, fut rendu à son ancienne navigation de Londres à Cork.

Louis Figuier

Le *Great-Western* continua avec le plus grand bonheur, son service à travers l'Océan. Depuis 1838 jusqu'à 1844, il fit trente-cinq voyages d'Angleterre aux États-Unis, et revint autant de fois à son point de départ. La durée moyenne de sa traversée était de quinze jours et demi pour arriver à New-York, et de treize jours et demi pour en revenir. Son voyage le plus rapide, a été accompli en mai 1843 : il n'exigea que douze jours et dix-huit heures, c'est-à-dire un tiers à peu près de la durée moyenne de ce voyage par les navires à voiles. Son plus prompt retour en Europe eut lieu en mai 1842, il se fit en douze jours et sept heures.

Plusieurs autres bâtiments à vapeur, parmi lesquels il en était un d'un port supérieur à celui du *Great-Western*, furent consacrés, en Angleterre, à la navigation transatlantique. Le *Royal-William* fut le premier en date ; mais il reçut au bout de quelque temps, une autre destination. Vinrent ensuite, la *Reine-d'Angleterre*, le *Président* et le *Liverpool*. Chacun de ces trois navires, construit sur les plus grandes proportions, avait coûté 2 500 000 francs. Le premier, après plusieurs traversées, fut acheté par le gouvernement belge. Le *Président* périt en mer, corps et biens, en 1841. Quant au *Liverpool*, il fut brisé sur la côte d'Espagne, pendant son service de Southampton à Alexandrie.

L'un des plus grands navires à vapeur construits par la marine britannique, fut lancé, en 1843, dans les chantiers de Bristol. C'était le premier essai, au moins sur d'aussi grandes proportions, d'un bâtiment à vapeur dans lequel le fer était partout substitué au bois, et les roues à aubes remplacées par l'hélice. Ce magnifique bâtiment, qui eut pour parrain le prince Albert, fut nommé le *Great-Britain*. Il avait 98 mètres de longueur, sur 15 et demi de largeur. Sa machine était de la force de 1 000 chevaux. Il ne répondit pas cependant aux hautes espérances qu'il avait fait concevoir. Après avoir reçu sa machine, son tirant d'eau se trouva si considérable qu'il ne put franchir l'entrée du bassin de Liverpool, et il demeura longtemps prisonnier dans l'enceinte même où il avait été construit. Il fallut, pour l'en délivrer, toute l'habileté des meilleurs ingénieurs de l'Angleterre.

Le *Great-Britain* avait accompli plusieurs fois avec succès le voyage d'Amérique, lorsque sa carrière se trouva soudainement interrompue. Le capitaine par suite d'une erreur de navigation, le jeta sur la côte d'Irlande. Il demeura, pendant tout l'hiver de 1846, échoué dans la baie de Dundrum. Ce n'est qu'avec les plus grandes difficultés que l'on parvint à remorquer cet énorme navire, à travers la mer d'Irlande, jusqu'au bassin de Liverpool, où il a offert pendant plusieurs années un assez triste spectacle.

Le premier navire à vapeur qui ait fait le tour du monde, c'est le *Driver* (le *Chasseur*). Ce navire partit de l'Angleterre le 16 mars 1842, sous le commandement de M. Harmer, qui mourut en Chine. Le capitaine Hayes prit le commandement du navire, et le ramena en Angleterre. Reparti de Liverpool, le *Driver*, après avoir touché successivement à l'île Maurice, à Singapour et à Hong-Kong, séjourna dans les mers de la Chine de 1842 à 1845, et plus tard dans les parages des Indes.

La France ne devait pas longtemps rester en arrière du mouvement rapide imprimé en Europe à la navigation par la vapeur. On a vu que, dès l'année 1816, à l'époque où la marine à vapeur commençait à recevoir en Angleterre ses premiers développements, on avait essayé de l'établir parmi nous. Mais la route était alors à peine tracée, nos mécaniciens avaient échoué dans cette entreprise. Ces tentatives furent reprises six mois après.

Comme la marine à vapeur se trouvait, aux États-Unis, dans une situation florissante, on prit le sage parti d'aller chercher des leçons dans ces contrées. En 1822, le ministre de la marine envoya dans le Nouveau-Monde, un ingénieur de mérite, M. Marestier, avec mission de prendre sur les lieux, une connaissance détaillée et complète des travaux exécutés en ce genre dans les divers États de l'Union. Un savant capitaine de frégate, M. de Montgery, reçut, en même temps, l'ordre de se rendre, avec le bâtiment qu'il commandait, dans les divers ports de l'Amérique, et d'y étudier les bateaux à vapeur, sous le rapport de leur service nautique et militaire.

La mission confiée à M. Marestier porta tous les fruits que l'on attendait de l'expérience et des talents de cet ingénieur. Le travail remarquable qu'il présenta en 1823, à l'Académie des sciences de Paris, sous le titre de : *Mémoires sur les bateaux à vapeur des États-Unis d'Amérique*, fit connaître, avec les plus grands détails, l'état, à cette époque, de la marine à vapeur dans les diverses contrées du nouveau monde. L'auteur concluait que ce système de navigation offrait assez d'avantages pour que l'on en décidât l'adoption immédiate sur les mers et sur les rivières de l'Europe. Les formules pratiques et les renseignements contenus dans son ouvrage fournirent les moyens de construire dans nos usines, des bâtiments à vapeur offrant toutes les qualités de ceux qui naviguaient dans les parages de l'Amérique.

En 1835, les bateaux à vapeur de la Saône doublaient en nombre ; en même temps ils acquéraient une vitesse double de celle qu'ils avaient présentée précédemment. En 1837, M. Cavé construisait sur le haut Rhin, les *Aigles*, et sur la basse Seine, les *Dorades*, pour le service des voyageurs et des marchandises. La Seine recevait, à la même époque, d'une autre compagnie, de magnifiques bateaux de fer construits au Havre par M. Normand, et pourvus de machines à vapeur tirées des ateliers de Barnes en Angleterre.

C'est le bateau à vapeur la *Dorade* n° 3, qui transporta à Paris, en 1840, les cendres de l'Empereur.

La plupart de ces bateaux sont employés aujourd'hui sur le Rhône ou la Seine, à des services de remorquage.

À la même époque, tous les grands ports de mer de la France, et notamment le Havre, possédaient d'excellents bateaux à vapeur pour le voyage d'Angleterre ou pour divers points du continent européen.

En Angleterre, la marine militaire à vapeur avait pris peu à peu et sans bruit, un développement immense. Au contraire, on avait complétement négligé en France, cette partie si importante des constructions navales. Tandis que la Grande-Bretagne construisait dans ses ateliers des steamers de guerre d'une grande puissance, on ne possédait en France que quelques vapeurs militaires de 100 à 160 chevaux, construits en Angleterre, ou à l'usine d'Indret, en France, par M. Jingembre. Le gouvernement décida de donner une impulsion nouvelle à cette partie des constructions maritimes. Un ingénieur de la marine française, M. Hubert, fut donc envoyé à Liverpool, pour y faire construire une machine de 160 chevaux, destinée à servir de modèle à celles que le gouvernement se proposait d'établir sur les bâtiments de l'État.

Le navire à vapeur qui fut construit à Liverpool dans les ateliers de M. Fawcet, et amené en France, reçut le nom de *Sphinx*.

On voit ce navire représenté dans la figure 105.

Fig. 105. — Le *Sphinx*, premier navire de guerre à vapeur de la
marine française, construit en 1830.

L'étude de ses belles machines amena de très-importantes
améliorations dans notre marine à vapeur. À partir de l'année
1830, les machines du *Sphinx* furent adoptées comme type dans
les constructions de la marine militaire. Les usines royales d'Indret
et celles de l'industrie privée permirent dès lors à la France, de se
passer du secours des ateliers anglais, et les beaux navires à vapeur
qui furent affectés, peu de temps après, au service entre la France et
l'Algérie, montrèrent toute la perfection que l'on pouvait atteindre
parmi nous, dans cette branche nouvelle de l'industrie.

On resta fidèle pendant longtemps, dans les ateliers de l'État, au
type de la machine du *Sphinx*, dont le modèle existe en réduction
dans les galeries du Conservatoire des Arts et Métiers de Paris, et
au Musée de la marine, au Louvre.

En 1842, M. Mimerel, directeur des constructions navales en
France, attacha son nom à la création de 12 frégates à vapeur de

450 chevaux, construites sur un autre modèle. La machine à basse pression de Watt était munie de balanciers latéraux. Ces machines furent exécutées avec le plus grand succès dans les établissements de MM. Cavé à Paris, Hallette à Arras, et dans les ateliers du Creusot, sur un plan étudié, dans ce dernier établissement, par M. Stéph. Bourdon. Jusque-là, la France avait fait venir ses machines à vapeur navales des ateliers anglais de Barnes, Miller, Napier, Maudslay, Rennie et Fawcet.

En 1840, on commença à construire, en Angleterre, de très-forts bâtiments à vapeur, pour les voyages transatlantiques et pour la marine militaire. On parvint à donner aux navires de mer, ou aux bateaux naviguant sur les rivières, une vitesse de 10 kilomètres à l'heure, qui atteignit bientôt celle de 20, 24 et même 30 kilomètres à l'heure, tout en allégeant le poids des machines motrices.

En 1843, la navigation à vapeur maritime et fluviale fit de nouveaux progrès : 1° par la substitution, qui devint alors générale, des chaudières tubulaires, à l'ancienne chaudière prismatique, ou à *tombeau*, de Watt, dont on avait fait usage jusque-là d'une manière exclusive ; 2° par les perfectionnements qui résultèrent de l'obligation imposée aux constructeurs d'alléger et de simplifier les machines de navigation ; 3° par l'adoption des machines oscillantes qu'avait heureusement perfectionnées Joseph Penn, constructeur à Greenwich.

En Angleterre, le succès des *bateaux à vapeur-omnibus* établis sur la Tamise par Penn et Spiller, et celui des bateaux faisant le service de Gravesend ; la vitesse extraordinaire que l'on parvint à donner en Amérique, à ces pyroscaphes, ajoutèrent encore à l'essor et à l'impulsion de la navigation par la vapeur.

Deux inventions importantes eurent lieu en France, vers 1843 : 1° le service des *bateaux-toueurs* de la Seine, qui a reçu le nom de *touage Arnoux*, et qui consiste à tirer les bateaux au moyen d'une machine à vapeur installée sur un bateau remorqueur, qui se hale par lui-même le long d'une chaîne de fer déposée au fond du fleuve, pour la traversée de Paris ; 2° les *bateaux à grappins* de M. Verpilleux, qui, dans les *rapides* du Rhône, remorquent jusqu'à 600 tonnes de marchandises, au moyen d'une roue mue par la vapeur, qui porte un certain nombre de crocs allongés, prenant leur point d'appui au fond du lit du fleuve.

Mais le fait capital que l'histoire de la navigation à vapeur doit consigner pour les années 1844 et 1845, c'est l'adoption dans la marine de toutes les nations, de l'*hélice*comme agent de propulsion nautique, et sa substitution aux roues à aubes. Nous donnerons plus loin, avec détails, l'histoire des perfectionnements successifs de l'hélice et de son emploi dans la navigation à vapeur.

Le grand mouvement industriel qui s'est produit dans toute l'Europe, à partir de l'année 1852, est devenu le point de départ d'un perfectionnement et d'un développement inouïs de la navigation à vapeur dans chaque contrée des deux mondes. Nous ne pourrons qu'indiquer ici en quelques lignes, les faits principaux qui ont été la conséquence de l'extension générale qu'a reçue à cette époque, ce mode de navigation. On peut les résumer comme il suit :

1° Emploi des bateaux à vapeur dans la navigation sur les canaux.

L'adoption des *steam-boats* sur les canaux avait été longtemps repoussée et non sans motifs, par suite de la détérioration qu'éprouvaient les bords et la berge des canaux, par l'effet de la forte agitation imprimée à l'eau. Les perfectionnements apportés aux machines et leur appropriation à ce cas spécial, ont permis d'employer sur les canaux, sans le moindre inconvénient, le nouveau mode de propulsion. Nous signalerons en particulier, sous ce rapport, les bateaux à deux hélices, placées à l'arrière, de MM. Cadiat, Baudu, Mazeline, Gauthier, Cavé ; les *monoroues*, à roue placée à l'arrière, construits par M. Gâche (de Nantes).

2° Navires à vapeur construits en Angleterre et en Amérique, en 1840, pour le service régulier des voyages transatlantiques.

Ces *steamers*, de la force de 500 chevaux, furent construits aux États-Unis, par Hallen, à Glasgow par Napier, pour aller régulièrement d'Angleterre à New-York.

3° Construction en France, en 1855, de la *Bretagne*, vaisseau à hélice de 1 200 chevaux, suivie de la mise en chantier de dix autres vaisseaux de 1 000 chevaux chacun, sur le modèle de la *Bretagne*.

La *Bretagne* avait été elle-même construite sur le plan d'un vaisseau à hélice, le *Napoléon*, qui avait fait, à juste titre, l'admiration de toute la flotte française.

Louis Figuier

Le *Napoléon*, lancé au Havre en 1849, et dû à MM. Dupuy de Lôme et Mon, a donné le signal, en France, de ce mode de construction des navires de haut rang. C'est en raison de cette circonstance que nous donnons place (fig. 106) au *Napoléon* de M. Dupuy de Lôme, dans cette rapide revue historique des plus remarquables constructions de notre marine à vapeur.

Fig. 106. — Le *Napoléon*, vaisseau mixte à hélice, lancé en 1849.

4° Emploi de la vapeur, non-seulement comme moyen de propulsion du navire, mais pour opérer toutes les manœuvres du bord [41].

5° Solution du problème de la navigation directe et sans transbordement, de Paris à Londres ; c'est-à-dire de la construction de navires à vapeur pouvant naviguer indifféremment, en mer et sur les rivières, par les basses eaux.

Après diverses tentatives plus ou moins heureuses, ce problème a été résolu par MM. Gâche et Guibert, de Nantes, avec les bateaux qui ont reçu le nom de *Paris-et-Londres*, et qui font un service régulier de transports de marchandises, sans arrêt ni transbordement, entre ces deux capitales.

6° Puissance énorme assignée aux machines des bateaux de rivières.

On trouve aujourd'hui sur le Rhône, des bateaux, dus aux ingénieurs du Creusot, et à divers armateurs, qui sont mus par des machines de 600 chevaux de force, et portent près de 600 tonnes dans leur coque, longue de 150 mètres et ne calant que 1 mètre d'eau. De 1853 à 1855, MM. Arnaud, Corrady et Carsenac, ont installé sur le Rhône, les bateaux *l'Avant-garde*, *le Belot* et *l'Express*, de 200 à 500 chevaux de force, qui rivalisent de vitesse avec les trains-omnibus du chemin de fer de Lyon à la Méditerranée. En Angleterre, Penn est même parvenu à donner au yacht *le Fairy*, la vitesse de 14 nœuds.

7° Apparition sur les fleuves de l'Amérique, de véritables palais flottants, calant moins de 2 mètres d'eau, élevés de trois ou quatre étages, contenant plus de 1 200 personnes et 1 000 tonnes de marchandises.

Ces vaisseaux géants pourvus de machines de la force de 2 000 chevaux, atteignent jusqu'à la vitesse de 40 kilomètres à l'heure.

8° Enfin, lancement fait au mois de février 1858, en Angleterre, du fameux navire *le Léviathan*, destiné au service des mers de l'Océanie, steamer-monstre, pourvu d'une machine de 3 000 chevaux et du port de plus de 20 000 tonnes.

Ce steamer colossal était destiné au service de l'Australie. Après avoir subi de nombreuses péripéties ; après avoir été plusieurs fois modifié, corrigé, après avoir subi, en mer et dans les ports, plusieurs avaries graves, il a été enfin rendu propre à un service régulier. C'est avec ce bâtiment, qui a aujourd'hui changé son nom primitif de*Leviathan* pour celui de *Great-Eastern*, que l'on fit, au mois de juillet 1865, la tentative de la pose du câble télégraphique, qui devait relier l'Amérique et l'Europe, et qui échoua malheureusement, par suite de la rupture du câble à bord du *Great-Eastern*, pendant l'opération du déroulement. Le même bâtiment a servi à recommencer, au mois de juillet 1866, cette même et prodigieuse opération, bien digne de l'aventureuse audace du génie britannique.

En 1866, un navire tout aussi colossal que le *Great-Eastern*, a été lancé en Angleterre : c'est le *Northumberland*. Ce n'est pas un bâtiment destiné à de pacifiques usages, comme le *Great-Eastern*, mais bien un vaisseau cuirassé, armé dans des intentions de dévastations maritimes.

9° Création des grands services de transports de l'Angleterre aux Indes.

Les navires à vapeur consacrés à ces services, sont les plus riches et les plus admirablement aménagés du monde entier.

10° Établissement, en France, des paquebots transatlantiques.

Cette dernière question touche de trop près à l'honneur national et à nos intérêts maritimes, pour que nous ne l'examinions pas ici avec quelque attention.

Le succès des bâtiments transatlantiques anglais décida la France à tenter la même entreprise. Ses efforts dans cette direction ont été lents, ses tâtonnements nombreux et pénibles. Des compagnies puissantes, créées à différentes époques, ont été forcées de s'arrêter devant divers obstacles, et longtemps les bonnes intentions de nos Conseils généraux et du Corps Législatif, ont été paralysées. Cependant, un succès complet a fini par couronner ces efforts.

C'est de l'année 1840 que date la première tentative faite en France, pour l'établissement de la navigation transatlantique à vapeur.

L'Angleterre venait d'établir, avec le secours du Gouvernement, un service transatlantique bi-mensuel, ayant son point de départ à Liverpool ; et une seconde ligne partant de Southampton, venait de s'organiser. Il y avait donc intérêt pour la France, à ne pas laisser à l'Angleterre le monopole de la navigation par la vapeur à travers l'Océan.

C'est ce que M. de Salvandy faisait remarquer, avec autant de force que de raison, comme rapporteur, à la Chambre des députés, de la commission à laquelle ce projet avait été renvoyé. Il insistait sur ce point, que la pensée de ce projet était éminemment nationale, et qu'elle devait également servir nos intérêts politiques et commerciaux.

« À Liverpool, disait M. de Salvandy, dans son rapport, a dû s'ouvrir le 1er juin, avec le secours d'une subvention considérable du Gouvernement, un service bi-mensuel sur Halifax, que les lignes secondaires vont mettre en communication avec toutes les parties du Canada et des États-Unis.

« À Southampton, en face des côtes de France, à quelques heures du Havre, s'organise avec le même appui, sous le titre de *Compagnie royale des malles à vapeur*, une compagnie qui se charge de transporter deux fois par mois, les malles royales et les correspondances, ainsi que les passagers dans toutes les parties des Antilles anglaises, des colonies espagnoles, de la côte Ferme et de la Guyane anglaise. La Jamaïque sera son principal point d'arrivée et de ravitaillement. Des lignes inférieures rayonneront du nord sur Saint-Thomas, Porto Rico, la Havane, et de là sur Mobile, la Nouvelle-Orléans, sur Tampico, la Vera-Cruz ; d'autres, au midi, sur Chagres, Carthagène et les eaux de Cayenne.

« L'Amérique centrale sera donc exploitée tout entière, et déjà les lignes anglaises unissent Para, Fernambouc, Rio-Janeiro ; d'autres s'établissent jusque dans l'océan Pacifique, reliant le Chili à Guatemala, au Mexique, et pressant de tous les efforts du génie britannique les deux flancs de l'isthme de Panama…

« Le marché des États-Unis est pour la France le plus important de tous ; il y a là des intérêts considérables ; ils sont communs à toutes les parties du territoire, et chaque jour doit continuer à les étendre en ajoutant au progrès et aux besoins des nations américaines.

« Le rivage de l'Atlantique, qui fait face au nôtre, a des rapports nombreux d'intérêts et d'idées avec nous. Toute l'Amérique espagnole aime notre génie, notre littérature, notre langue. La France appelle naturellement la confiance des peuples.

« Les Américains savent la part que nous avons eue sur leurs destinées, ne fût-ce que par la masse d'idées que nous avons jetées sur le monde. En dépit de quelques collisions accidentelles, leurs penchants, leurs rapports nous sont acquis. »

La loi fut votée à la Chambre des députés, le 16 juillet 1840, à une majorité immense. D'après cette loi, vingt-huit millions étaient mis à la disposition du ministre de la marine, pour construire dix-huit bâtiments à vapeur, de la force de 450 chevaux.

Trois lignes principales devaient être desservies : l'une partant du Havre pour aboutir à New-York ; une seconde devant partir alternativement de Bordeaux et de Marseille pour les Antilles ; enfin une troisième ligne partait de Nantes ou de Saint-Nazaire, pour Rio-Janeiro.

Le ministre des finances fut autorisé à traiter avec une compagnie qui se chargerait de faire le service du Havre à New-York, grâce à une forte subvention de l'État.

Cinq années furent employées à l'étude des meilleures constructions et à l'essai des machines à vapeur les plus avantageuses.

On reconnut au bout de ce temps, que le type de paquebots exécutés par les ingénieurs de l'État, ne répondait nullement aux conditions du succès. Ces bâtiments étaient trop lourds et d'une marche trop lente. D'ailleurs, dans cet intervalle, tout avait changé dans les constructions de la mer. L'hélice employée comme propulseur, le fer substitué au bois, les chaudières tubulaires adoptées sur les bateaux, ces divers progrès dont il fallait évidemment profiter, étaient en disparate avec les conditions primitives du projet de 1840.

Tout cela décida le Gouvernement à faire appel à de nouvelles compagnies commerciales, pour l'exploitation de quatre lignes transatlantiques qui, partant du Havre, de Saint-Nazaire, de Bordeaux et de Marseille, aboutiraient à New-York, à Rio-Janeiro et à la Martinique.

En 1847, le Gouvernement présenta un projet de loi demandant l'approbation d'un traité passé entre le ministre des finances et la compagnie Hérout et de Handel, pour le service du Havre à New-York.

Ce projet fut adopté. La compagnie Hérout et de Handel commença même le service entre le Havre et New-York. Malheureusement, elle n'avait à sa disposition que des paquebots de construction médiocre, qui ne pouvaient soutenir la concurrence avec ceux d'Angleterre et d'Amérique. D'un autre côté, les événements de 1848 produisaient une perturbation commerciale qui diminuait considérablement les rapports mutuels entre les deux mondes. Aussi la compagnie Hérout et de Handel fut-elle contrainte de renoncer à son entreprise.

Ce n'est qu'en 1856 que l'on a pu reprendre, en France, la question des paquebots transatlantiques. Le gouvernement ayant fait appel, à cette époque, aux compagnies financières, trois compagnies sérieuses lui firent des propositions.

Le 7 juin 1857, le gouvernement soumit au Corps Législatif, un projet de loi accordant une subvention de quatorze millions pour l'exploitation de trois lignes de correspondance à vapeur entre la France et l'Amérique. Ces trois lignes devaient aboutir, la première à New-York, la seconde aux Antilles, la troisième au Brésil.

On pouvait espérer, grâce à l'organisation d'un service régulier sur ces trois lignes, que la France, qui était restée jusque-là tributaire des paquebots étrangers, pour le service de ses marchandises et de ses passagers, pourrait s'affranchir de cette tutelle. Il paraissait équitable d'accorder, comme en Angleterre, aux compagnies, une subvention qui leur permît de remplir toutes les conditions de ce service, véritablement très-onéreux.

Le 19 septembre 1857, parut un décret qui concédait à la compagnie des *Messageries Impériales* le service de Bordeaux et de Marseille au Brésil, moyennant une subvention annuelle de 4 700 000 francs.

Le service du Havre à New-York et celui de Saint-Nazaire aux Antilles, furent concédés le 27 février 1858, à la compagnie Marziou. Diverses circonstances l'ayant empêchée d'exploiter son privilége, cette compagnie proposa de s'en désister en faveur d'une autre réunion de capitalistes, la *Compagnie générale maritime*, qui se présentait avec la garantie de la société Péreire.

Le 19 octobre 1860, le ministre des finances accepta cette substitution.

Sans entrer dans d'autres détails concernant les péripéties que la question des paquebots transatlantiques a pu traverser devant le Corps Législatif et le ministre des finances, nous dirons qu'une convention, en date du 19 février 1862, a arrêté d'une manière définitive, la concession faite par le gouvernement français à la *Compagnie générale transatlantique* représentée par M. Péreire, de l'exploitation d'un service postal entre la France, les États-Unis, les Antilles et Aspinwall, par les navires à vapeur.

Aux termes de cette convention, les paquebots transatlantiques font un voyage mensuel, aller et retour, de Saint-Nazaire à la Vera-

Cruz, avec escale à la Martinique et à l'île de Cuba ; chaque voyage comprenant 1 881 lieues marines, pour l'aller et autant pour le retour, ensemble 3 762 lieues par voyage complet, soit 145 160 lieues. La compagnie s'engageait à affecter à ce service quatre bâtiments de 450 à 500 chevaux, et deux bâtiments de 250 à 300 chevaux, dont la vitesse moyenne est fixée à neuf nœuds.

À titre de rémunération et jusqu'à la mise en exploitation complète de toutes les lignes concédées, il est alloué à la compagnie une subvention de 310 000 francs par voyage complet, aller et retour, de Saint-Nazaire à la Vera-Cruz.

C'est le 14 avril 1862, que s'est effectué le premier voyage de la *Louisiane*, magnifique paquebot de fer, de la force de 500 chevaux. La Louisiane partait pour la Martinique, l'île de Cuba et le Mexique. En treize jours pour aller et quatorze pour revenir, ce navire franchit la distance de 3 560 milles qui sépare Saint-Nazaire de Fort de France.

Des réjouissances publiques eurent lieu le 14 avril 1862, à Nantes et à Saint-Nazaire, au moment du départ de la *Louisiane*, qui inaugurait une ère nouvelle de prospérité pour le commerce français.

Grâce à l'active circulation qui règne sur les lignes du Mexique et de New-York, la *Compagnie transatlantique* a pris une extension rapide. Elle fait flotter avec un véritable éclat le pavillon national dans les parages de l'Atlantique.

Son matériel, qui s'est augmenté assez rapidement, renferme aujourd'hui les plus forts steamers employés dans nos services postaux.

La première flottille transatlantique se composait de six paquebots de fer, jaugeant ensemble 30 000 tonneaux de déplacement. Une partie avait été construite en Écosse dans les chantiers de la Clyde ; une autre provenait des chantiers de Penhouët, à Saint-Nazaire. La *Louisiane* fut lancée, comme nous l'avons dit, en 1862 ; les derniers paquebots, le *Saint-Laurent* et le *Darien*, ont été terminés en 1866.

Mais les deux merveilles de la *Compagnie transatlantique* française, qui n'égalent point sans doute encore les admirables steamers anglais consacrés au service des Indes, mais qui du moins s'en approchent, sont : le *Napoléon III*, paquebot à roues de 6 000 tonneaux, pourvu d'une machine à vapeur de la force de 1 500 chevaux ; et le *Péreire*, paquebot à hélice de 5 200 tonneaux, avec une machine à vapeur de la force de 1 250 chevaux.

Fig. 107. — Le *Napoléon III*, paquebot transatlantique français, lancé en 1866.

Le *Napoléon III*, que l'on voit représenté dans la figure 107 paraît venir, quant au tonnage, après le fameux *Great-Eastern*. Sa longueur est de 114 mètres, sur 14 mètres de large et 10 mètres de creux. Outre le nombreux personnel de l'équipage, des mécaniciens et chauffeurs, il peut recevoir 400 passagers. Sa machine à vapeur est un véritable monument de fer et d'acier. On s'en fera une idée quand nous dirons que le diamètre du cylindre à vapeur est de 2 mètres, 58. On peut juger par là ce que peut être le balancier. 32 foyers chauffent 8 chaudières, placées quatre de chaque bord, pour alimenter de vapeur ces énormes cylindres.

Nous ne parlons point des aménagements des différentes parties du paquebot formant l'habitation des passagers. Contentons-nous de dire que tout y est confortable et richement décoré.

Le *Napoléon III* a coûté 4 500 000 francs.

Louis Figuier

Fig. 108. — Le *Péreire*, paquebot transatlantique, lancé en 1866.

Le *Péreire* (figure 108), qui a été construit par Napier, de Glasgow (Écosse), peut être assimilé au fameux *Scotia* de la compagnie Cunard. Il a 104 mètres de longueur à flottaison, sur 12 mètres, 50 de largeur, et 8 mètres, 73 de creux. Sa machine à vapeur, formée de deux cylindres verticaux, est de la force nominale de 1 250 chevaux. On assure pourtant qu'elle peut être portée au double, comme travail effectif. L'hélice est à quatre ailes, dans le système Griffit, qui a, dit-on, l'avantage de n'occasionner aucune trépidation sur le navire.

La première traversée du *Péreire* de Brest à New-York, s'est effectuée, au mois d'avril 1866, en neuf jours et demi, avec plein chargement, avec une vitesse moyenne de 13 nœuds et demi.

Son second voyage a été plus rapide encore. Parti de Brest, le 12 mai 1866, pour New-York, le *Péreire* y est arrivé, malgré un mauvais temps continuel, en 9 jours 15 heures de marche, battant de 36 et de 60 heures cinq paquebots sortis avant lui ou le même jour.

Reparti de New-York, le 2 juin pour Brest et le Havre, avec 287 passagers, le *Péreire* mouillait à Brest le 11, à 10 heures du soir, ayant franchi la distance de 3 000 milles en 9 jours et 4 heures, soit avec la vitesse moyenne de 13 nœuds, 60.

La moyenne des deux traversées, aller et retour, donne 13 nœuds, 20.

Celle du mois d'avril donnait 13 nœuds.

On ne cite en Angleterre que deux ou trois traversées du *Scotia*, comparables à celles du *Péreire*.

Les soins les plus minutieux ont été apportés à ce palais flottant, pour contribuer au bien-être des passagers. Le *Péreire* peut recevoir 284 voyageurs de première classe, et 134 de seconde classe. Outre le grand salon et le salon destiné au repas, autour duquel sont rangées les cabines, et qui sont tous deux très-richement décorés, il existe différentes pièces complémentaires, telles que salle de bain, café, fumoir, glacière, boucherie, boulangerie, pharmacie, etc. Toutes les pièces sont chauffées par le tuyau d'un calorifère à air. Chaque cabine est approvisionnée d'eau chaude et froide.

L'avant du paquebot est réservé à l'équipage.

Comme les ancres seraient difficiles à manœuvrer par la force des hommes, c'est la vapeur qui les fait agir. Les marchandises sont également amenées à bord par des treuils à vapeur.

Le *Péreire* a coûté 3 700 000 francs.

Nous devons ajouter que la Compagnie maritime des *Messageries impériales*, dont on connaît la belle et puissante organisation, exécute aussi, outre le service transatlantique de Marseille au Brésil, de nombreux transports dans les mers de l'extrême Orient, autour de la Chine et du Japon.

Ici se termine l'histoire de la création et des développements successifs de la vapeur appliquée à la navigation sur les rivières et les mers. Il nous a paru nécessaire d'exposer avec quelques développements les progrès et les perfectionnements successifs de cette invention admirable, qui a déjà rendu aux hommes de si importants services, qui est appelée à recevoir dans l'avenir une extension dont il est impossible aujourd'hui de prévoir les limites, et dont la découverte réunira dans l'admiration commune de la postérité les noms de Papin, de Watt et de Fulton.

Louis Figuier

CHAPITRE VII

DESCRIPTION DES MACHINES À VAPEUR EMPLOYÉES À BORD DES BATEAUX ET DES NAVIRES. — **MOYENS DIVERS DE PROPULSION.** — LES ROUES À AUBES. — L'HÉLICE. — HISTOIRE DES PERFECTIONNEMENTS SUCCESSIFS DE L'HÉLICE APPLIQUÉE À LA PROPULSION DES NAVIRES. — PAUCTON. — DELISLE. — BUSHNELL. — CHARLES DALLERY. — H. SMITH. — RESSEL. — FRÉDÉRIC SAUVAGE. — ÉRICSSON. — ADOPTION GÉNÉRALE DE L'HÉLICE.

Après l'historique qui précède, il nous reste à présenter le tableau des moyens qui servent aujourd'hui à appliquer la force motrice de la vapeur à la navigation. Nous considérerons successivement : 1° les moyens de propulsion ; 2° les machines à vapeur qui servent à mettre en action ces agents propulseurs.

MOYENS PROPULSEURS.

Depuis le jour où l'on s'est proposé de faire mouvoir un bateau par la force de la vapeur, on a mis en usage, ou l'on a imaginé, un grand nombre de systèmes différents pour agir, au sein du liquide, par cette force motrice.

Le *système palmipède*, qui consiste à employer des rames s'ouvrant et se fermant d'une manière successive, par l'effort de résistance de l'eau, a été, comme nous l'avons vu, essayé l'un des premiers. À l'origine de la navigation par la vapeur, il était naturel que l'on cherchât à imiter le mécanisme des rames ordinaires, mises en mouvement par la main des hommes.

Le bateau palmipède du marquis de Jouffroy, fut la réalisation de cette idée. Elle a été reprise à notre époque par Achille de Jouffroy, fils du marquis Claude de Jouffroy. Mais l'expérience a montré, ce que la théorie permettait d'ailleurs de pressentir, que l'action mécanique intermittente qui résulte du mouvement alternatif des rames, ne peut l'emporter, dans aucun cas, sur l'effet continu que procurent les roues à aubes.

Le *système Bernouilli*, qui consiste à refouler à l'arrière des masses d'eau puisées à l'avant, et à faire avancer le bateau par la réaction résultant du refoulement de l'eau sous la quille, a été essayé plusieurs fois, aux États-Unis et en Angleterre. C'est avec ce système que

James Rumsey, comme nous l'avons dit, expérimentait à Londres, en 1789, et les résultats obtenus par lui, en ce qui concerne l'agent propulseur, n'avaient rien de désavantageux.

Le même système a été soumis dans notre siècle, à différents essais, dont quelques-uns ont échoué. Mais la réussite de l'hélice, agent de propulsion analogue au précédent, les résultats avantageux tout récemment obtenus en appliquant la turbine comme moyen propulseur des bateaux à vapeur sur les rivières et les canaux, tous ces faits montrent suffisamment que le *système Bernouilli*, c'est-à-dire, le refoulement de l'eau sous la quille, par une pompe foulante, mue par la vapeur, mérite d'être soumis à de nouvelles tentatives, qui seraient peut-être couronnées d'un grand succès.

Les *chaînes sans fin* munies de palettes, et destinées à former comme une sorte de longue roue, occupant une grande partie de la longueur du bateau, furent essayées en France, par Desblancs et par Fulton. Mais l'expérience démontra toute l'insuffisance de ce moteur pour atteindre la vitesse exigée.

Les moyens de propulsion que nous venons d'énumérer, sont aujourd'hui abandonnés. Les seuls dont on ait tiré jusqu'ici un parti considérable dans la pratique, sont les *roues à aubes* et l'*hélice*. Étudions rapidement chacun de ces agents propulseurs.

Les roues dont on fait usage dans la navigation par la vapeur, sont toujours au nombre de deux. On les dispose de chaque côté, et un peu en avant du centre de gravité du bateau. Elles portent à leur circonférence, un certain nombre d'*aubes*, ou *palettes*, de bois, attachées par des crochets de fer, aux rayons de moyeux de fonte fixés sur l'arbre tournant de la machine à vapeur.

Le nombre de ces aubes varie suivant la circonférence de la roue ; il doit être tel qu'il y en ait toujours trois d'immergées. Les aubes doivent plonger de 8 à 10 centimètres dans l'eau. Leur surface est d'autant moins grande que le bateau est destiné à une marche plus rapide.

La vitesse imprimée aux roues à aubes par la machine à vapeur, doit être supérieure à celle du bateau qu'elles font mouvoir, puisque, avançant elles-mêmes avec le bateau, elles ne peuvent agir qu'en vertu de la différence des deux vitesses. L'expérience a établi que, pour réaliser le maximum d'effet, la vitesse des aubes doit être d'un quart environ supérieure à celle du bateau.

Les roues des premiers *steamers* furent presque en tout semblables à celles que nous voyons fonctionner dans les usines hydrauliques. On les installait en différentes positions, mais presque toujours latéralement, à un tiers de la longueur du navire en partant de l'avant.

En Amérique et plus tard en France, sur la Saône et sur la Seine, on vit des bateaux à vapeur dont les roues se trouvaient placées soit à l'avant, soit à l'arrière. Cette disposition ne faisait rien perdre de l'effet utile du moteur, et le bateau diminué de toute la largeur des tambours qui environnent la roue, franchissait plus aisément les passages étroits et le chenal des rivières, souvent très-rétréci dans les basses eaux. La *Charlotte Dundas* de William Symington avait sa roue motrice unique placée à l'avant du bateau.

On s'est également servi d'une roue unique placée au milieu du bateau, qu'elle divisait ainsi en deux. À l'époque des premiers essais de navigation par la vapeur, ce mode d'installation de la roue fut adopté en Écosse, par Patrick Miller et Symington, comme nous l'avons rapporté. C'est encore de cette manière que se trouvait placée l'immense roue à aubes de la frégate de guerre *le Fulton Ier*, construite par Fulton, en 1814, pour la défense du port de New-York. Mais ce dernier système d'installation de la roue ne constitue aujourd'hui qu'une exception des plus rares. Il ne présente d'avantages que dans le cas où la voie navigable est d'une très-petite largeur, comme dans les canaux. Nous avons déjà parlé des *monoroues* de M. Gâche (de Nantes) pour le service des canaux.

À mesure que les bâtiments à vapeur se multiplièrent, on reconnut divers inconvénients aux moyens trop simples que l'on avait adoptés pour la disposition des roues. Chaque palette d'une roue n'agit avec tout son effet utile, que lorsqu'elle est perpendiculaire au liquide qu'elle frappe. En entrant dans l'eau, et en se relevant pour en sortir, elle n'exerce son action que suivant une ligne oblique. Elle perd ainsi une partie de sa force, qui se trouve employée sans utilité, à pousser le liquide, en avant, quand elle s'enfonce, ou à le projeter en arrière, quand elle se relève. Ces pertes de force s'accroissent avec la vitesse imprimée aux roues.

Pour remédier à la perte de force qui résulte du soulèvement de l'eau au moment où la palette sort du liquide, on a imaginé différents systèmes, qui se réduisent à rendre les aubes mobiles sur leur axe, de manière à les obliger d'entrer dans l'eau et d'en sortir sous une inclinaison toujours avantageuse à l'effet moteur.

Un système de ce genre, imaginé par monsieur Cavé, a été adopté en France, sur plusieurs navires de la marine militaire. Des bielles et un excentrique font pivoter chacune des aubes, de manière à les maintenir dans une situation verticale, pendant toute la durée de leur immersion, et à leur donner, au moment de leur sortie du liquide, une position horizontale, afin qu'elles présentent à l'air le moins de résistance possible. Outre son avantage pour l'accroissement de l'effet moteur, cet ingénieux mécanisme permet d'éviter aux roues, et par suite aux machines, les violentes secousses que provoque le choc des lames lorsque celles-ci viennent frapper les roues du bateau à l'instant de leur sortie du liquide.

En Angleterre, on fait usage, pour atteindre le même but, d'un système particulier que l'on désigne sous le nom de *système Morgan*. Il est fondé sur les mêmes principes que celui de M. Cavé ; mais nécessitant un mécanisme très-compliqué, il est sujet à beaucoup de dérangements. Les frottements qui résultent du grand nombre d'engrenages qu'il exige, absorbent une force presque aussi considérable que celle dont on cherche à éviter la perte.

Nous donnons (fig. 109) un modèle exact de la manière dont les roues à aubes sont installées sur nos grands navires. Sur l'arbre A de la machine porteur de la roue, est fixé le disque B, au moyen des clavettes C, C. Sur les rayons de la roue, D, D, sont appliquées les aubes (a). Ces aubes sont fixées sur les rayons des roues par un taquet et un boulon. Le tout est maintenu par le cercle FF'.

Les roues à aubes constituent un moyen à peu près irréprochable pour appliquer la puissance de la vapeur à la navigation sur les fleuves ou les rivières ; mais elles présentent des inconvénients très-graves dans la navigation sur mer. Le roulis du navire a souvent pour effet d'élever une des roues hors de l'eau en immergeant la roue opposée. Dès lors, la roue la plus élevée tourne à vide ; ce qui produit des variations très-nuisibles à la machine. Comme la résistance ne s'exerce plus que sur l'une des roues, on est obligé d'affaiblir l'intensité de la force motrice, en diminuant l'entrée de la vapeur dans les cylindres. La force de la machine se trouve ainsi atténuée au moment où, au contraire, son maximum d'effet serait souvent nécessaire. En outre, le tambour qui environne les roues, offre une large surface à l'action du vent ; ce qui diminue la vitesse du navire. Sur les navires de guerre, les roues sont librement exposées à l'atteinte des boulets, et cette circonstance suffit pour leur ôter presque toute valeur au point de vue militaire. Enfin, les roues sont un obstacle à ce que l'on puisse se servir à la fois de la vapeur et des voiles ; car l'emploi de la vapeur exige que le bâtiment se maintienne toujours à peu près dans une ligne verticale : or les voiles ont pour résultat de le faire incliner sur son axe, ce qui met un obstacle à l'action régulière de la machine.

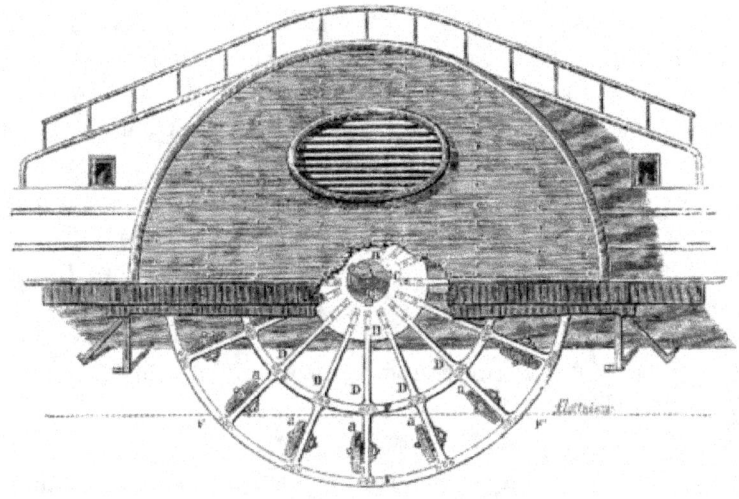

Fig. 109. — Roue à aubes d'un bateau à vapeur.

La pratique mit promptement en évidence les inconvénients qui résultent de l'emploi des roues à aubes dans la navigation maritime. Aussi depuis l'adoption générale de la vapeur comme agent de propulsion nautique, un grand nombre de mécanismes différents furent-ils proposés pour remplacer les roues. Cependant aucun d'eux n'avait fourni des résultats satisfaisants, et la supériorité des roues semblait une question définitivement jugée, lorsque, en 1839, un constructeur anglais, M. Smith, appliqua à un navire à vapeur une *hélice*, ou *vis d'Archimède*, comme moyen de propulsion. Les résultats remarquables fournis par ce nouveau moteur, excitèrent au plus haut degré l'attention des hommes de l'art. Des expériences ultérieures ayant confirmé ces premiers résultats, ce système a fini par devenir d'un emploi général dans la navigation maritime.

En quoi consiste l'hélice employée comme agent moteur des navires, et comment peut-on, en théorie, se rendre compte de ses effets ?

L'hélice n'est autre chose que la vis ordinaire, et la théorie de son action est la même que celle de ce dernier instrument [42]. Concevons que l'on dispose horizontalement, à l'avant d'un bateau, et dans le sens de sa longueur, une vis, pouvant tourner librement sur son axe. Si l'on engage l'extrémité de cette vis dans un écrou fixe, maintenu dans une position invariable par rapport au sol environnant, quand on viendra à imprimer à la vis un mouvement rapide de rotation, elle avancera dans l'écrou, et entraînera par conséquent, le bateau auquel elle est fixée. L'hélice de nos bateaux fonctionne de la même manière ; seulement l'écrou fixe est remplacé par l'eau. Quand on fait tourner une hélice au milieu de l'eau avec une grande rapidité, l'eau environnante se trouve mise en mouvement avec la même vitesse, et par suite de la réaction qu'elle exerce sur les faces inclinées de l'hélice, elle imprime au bateau un mouvement de progression, qui est d'autant plus rapide que l'hélice tourne plus vite.

L'idée d'appliquer la vis d'Archimède à la navigation est déjà ancienne. Nous allons résumer les tentatives nombreuses qui ont été faites jusqu'à nos jours dans cette direction.

L'hélice qui a été employée depuis l'antiquité à divers usages mécaniques, fut proposée pour la première fois, comme moteur des navires, en 1752, par Daniel Bernouilli. Dans son mémoire couronné par l'Académie des sciences, et dans son *Hydro-dynamique*, Bernouilli fit connaître, avec plusieurs autres procédés de navigation, un moyen de propulsion des navires, consistant à faire tourner rapidement au milieu de l'eau, une sorte d'aube de moulin à vent, dont la forme différait peu de celle de l'hélice employée de nos jours [43].

Louis Figuier

Pendant les nombreuses expériences que du Quet fit à Marseille et au Havre, de 1687 à 1693, sur les agents de propulsion propres à remplacer les rames, ce mécanicien ne manqua pas d'étudier l'hélice proposée par Bernouilli ; mais il ne put en retirer aucun résultat avantageux.

En 1768, un ingénieur français, nommé Paucton, proposa, dans un ouvrage sur la *théorie de la vis d'Archimède*, de remplacer les rames par des hélices [44]. Il voulait placer deux hélices, qu'il nommait *ptérophores*, à l'arrière et de chaque côté du navire, dans une situation horizontale et dans le sens de sa longueur.

Paucton fait ressortir, dans son livre, les pertes de force qui résultent du mouvement alternatif des rames, et il essaie de démontrer que des hélices disposées sous la quille d'un vaisseau, donneraient des résultats bien supérieurs. Cependant ses idées ne frappèrent que médiocrement l'attention.

En 1777, l'Américain David Bushnell avait adapté une hélice au bateau-plongeur dont il est l'inventeur. Ce bateau s'enfonçait en se remplissant d'eau ; quand il fallait remonter à la surface, on évacuait cette eau à l'aide d'une pompe aspirante. Pour diriger sous l'eau son embarcation, Bushnell employait un aviron en forme de vis, qu'il plaçait horizontalement sous la quille. Cette sorte d'hélice faisait marcher le bateau d'avant en arrière. Un second aviron placé verticalement, à la partie supérieure du bateau, régularisait son immersion, et le maintenait à la hauteur désirée, indépendamment de la quantité d'eau admise dans le réservoir. Ce moyen de direction fut plus tard, imité par Fulton, dans ses embarcations submersibles.

La découverte de la navigation par la vapeur vint donner beaucoup d'intérêt aux travaux exécutés jusqu'à cette époque, sur l'hélice. Un grand nombre d'essais nouveaux furent dès lors, entrepris dans cette direction. La plupart de ces recherches, restées sans résultat pratique, ont peu d'importance aujourd'hui, et nous les passerons sous silence.

Cependant, parmi ces tentatives demeurées sans résultat, et qui furent entreprises au commencement de notre siècle, pour appliquer l'hélice à la navigation, il en est une qui, à notre point de vue national, mérite d'être distinguée. Nous voulons parler des essais faits à Paris en 1803, par un mécanicien français, Charles

Dallery.

L'histoire ne doit pas exclusivement ses hommages aux génies heureux que le succès couronne. Ceux qui ont préparé le triomphe d'une œuvre utile à l'humanité, ont droit aussi à notre reconnaissance. L'intérêt que leur souvenir éveille est même, en quelque sorte, plus tendre. Il nous appartient de consoler leur mémoire du triste concours de circonstances qui paralysa leurs efforts. Donnons un souvenir, le jour de la récolte, au laboureur ignoré qui traça le sillon pénible et ne vit point jaunir la moisson.

Entre ces inventeurs malheureux dont les efforts se sont brisés devant le hasard et l'inopportunité des temps, Charles Dallery, né à Amiens, le 4 septembre 1754, mort à Jouy, près de Versailles, en 1835, mérite d'occuper une place. Créateur de plusieurs inventions remarquables, il fut toujours méconnu pendant sa vie, et resta ignoré jusqu'à vingt années après sa mort. Ce ne fut point le génie qui lui manqua, mais cet assemblage fortuit de circonstances que Dieu tient en ses mains, et que nous appelons le bonheur.

Fils d'un constructeur d'orgues de la ville d'Amiens, Charles Dallery était, à dix ans, le meilleur apprenti de son père. À douze ans, il fabriquait des horloges de bois d'une précision admirable, et il possédait à fond l'art, compliqué, de la fabrication des orgues d'église. Son intelligence mécanique cherchait partout des occasions de s'exercer. Une harpe s'étant rencontrée sous sa main, il adapta à cet instrument un mécanisme propre à exécuter les demi-tons.

S'étant rendu à Paris, il soumit l'instrument ainsi modifié, au facteur le plus en vogue. Celui-ci accueille avec empressement la découverte, et place le jeune Dallery à la tête de ses ateliers. Ainsi perfectionnée, la harpe détrône bientôt l'antique clavecin, et fixe la mode pour longtemps. Un brevet d'invention fut pris ; mais ce fut au nom du fabricant, et le jeune mécanicien, éconduit, dut reprendre le chemin de sa province.

Là, il donna un libre cours à son ardeur créatrice. Il perfectionna la fabrication des orgues, et établit le système de soufflerie qui est aujourd'hui appliqué partout. Il apporta aussi d'utiles changements au clavecin. Quand la fièvre des ballons s'empara de la France, c'est lui qui donna à la ville d'Amiens le premier spectacle des ascensions aérostatiques.

Vers 1788, il construisit une machine à vapeur, et pour son premier essai, il employa la haute pression. Il ne se proposait rien moins que d'installer cette machine sur une voiture, et de l'appliquer à la locomotion sur les routes.

Cette pensée était trop hâtive ; Dallery le comprit bientôt, et il consacra sa machine à servir de moteur dans ses ateliers.

Un orgue manquait à la cathédrale d'Amiens ; ce travail lui fut confié. Les devis s'élevaient à 400 000 francs. Dallery se mit à l'œuvre. Mais la révolution éclate. Le temps des orgues était passé ; il fallut changer de carrière.

Sans se décourager, Dallery propose à la ville d'Amiens de construire des moulins à vent sur un système nouveau : les ailes tournaient horizontalement.

Cette innovation choqua beaucoup la cité picarde. Voyant ces roues tourner comme les chevaux de bois à la foire, elle appela ce moulin, le *moulin de la Folie*.

L'inventeur était fier et digne : cette critique lui déplut. Il se brouilla avec sa ville natale et la quitta, pour n'y plus revenir. Il alla installer sa machine à vapeur chez un industriel de ses amis, fabricant de limes, qui possédait deux usines, l'une à Nevers, l'autre à Amboise.

Appropriée à ce nouvel usage, la machine à vapeur mettait en mouvement un martinet du poids de 500 livres et frappait 500 coups par minute, forgeant l'acier et le façonnant en limes ouvragées de toutes manières. Dallery dirigeait les deux usines.

Mais ce n'était là qu'une bien insuffisante occupation. Quand le travail fut organisé et la tâche terminée, Dallery et le maître de forges se regardèrent, en disant :

— Qu'allons-nous faire maintenant ?

Il fut convenu que l'on se rendrait à Paris, pour y proposer au gouvernement le plan d'un moulin à farine, mû par la vapeur.

La machine à vapeur était une ressource puissante pour remplacer les bras de l'ouvrier, qui commençaient à manquer. Or, personne ne songeait encore, en France, à tirer sérieusement parti de la vapeur dans les usines. Les deux associés pouvaient donc compter sur un succès.

Leur calcul était juste, mais ils avaient compté sans la disette.

Le gouvernement avait, en effet, adopté leur plan sans difficulté, et l'on avait installé le moulin à farine dans les bâtiments de l'octroi de Bercy. On avait même promis une avance de 30 000 francs. Mais les 30 000 francs n'arrivèrent jamais. En revanche, la disette arriva. Notre mécanicien dut redescendre des hautes régions où l'avait élevé ce succès d'un jour.

Son courage, néanmoins, ne se démentit pas. Il venait d'appliquer son talent à des créations grandioses, il l'appliqua à des travaux microscopiques. Il se fit horloger, et fut le premier à construire en France, ces montres de la dimension d'une pièce de cinquante centimes, que l'on portait au doigt, sur une bague. Seulement, comme on n'avait jamais rien fait de semblable dans l'art de l'horlogerie, il n'existait point d'outil pour de tels ouvrages, et Dallery dut créer les instruments pour cette nouvelle fabrication : la boîte ovale et jusqu'au tour qui servait à obtenir cette forme.

Mais ces chefs-d'œuvre microscopiques se vendaient fort cher, et personne n'était riche en 1793. Toutes ces élégantes curiosités n'étaient pas plus de saison que les orgues d'église. Dallery dut chercher une autre manière d'arriver à la fortune.

Le conseil d'un ami vint le placer dans la bonne voie. Il s'agissait de perfectionner les premières façons de l'or employé par les bijoutiers. Dallery créa dans l'orfévrerie une industrie nouvelle, dont il avait le secret et le monopole. Pendant vingt-cinq ans toute la bijouterie d'or de Paris a travaillé avec le *moleté d'or*, le *grené*, le *découpé* de Charles Dallery.

Grâce aux bénéfices qu'il réalisait dans cette obscure existence d'artisan, Dallery put songer à mettre à exécution un projet dont le succès devait faire évanouir tous les ennuis passés, et le ramener aux sphères brillantes qu'il avait perdues. Il voulait appliquer l'hélice à la navigation.

Depuis que l'ingénieur Paucton avait proposé, comme on l'a vu plus haut, de remplacer les rames par des hélices, beaucoup d'efforts avaient été tentés pour approprier cet appareil mécanique à la propulsion des bâtiments ; mais personne n'avait encore songé à combiner l'hélice comme agent propulseur, avec l'emploi de la vapeur comme force motrice. Telle était précisément la pensée de Dallery, et c'est pour cela que nous mentionnons ici le nom et les travaux de ce mécanicien. L'idée d'appliquer la vapeur à faire mouvoir les hélices d'un bateau, distingue, en effet, le projet de Dallery d'une foule de plans analogues, conçus et en partie exécutés à cette époque, mais dans lesquels la vapeur, alors à peine connue, n'était pas mise à profit.

Le brevet pris par Dallery porte la date du 29 mars 1803. Cette date est remarquable, puisqu'elle montre que Dallery exécutait son bateau à hélice, à l'époque et au moment même où Fulton s'occupait, de son côté, à construire sur la Seine, son bateau à roues. Ainsi ces deux tentatives sont tout à fait contemporaines, et Dallery n'avait pu rien emprunter à l'ingénieur américain.

L'appareil que Dallery se proposait d'employer comme agent propulseur de son bateau, consistait en une hélice à deux spires de révolution. Elle devait être placée à l'arrière du bateau. Une autre hélice, placée à l'avant, était mobile dans le sens de son axe, pour servir de gouvernail. Les deux hélices devaient être immergées au-dessous de la ligne de flottaison, et mises en mouvement par une machine à vapeur à deux cylindres.

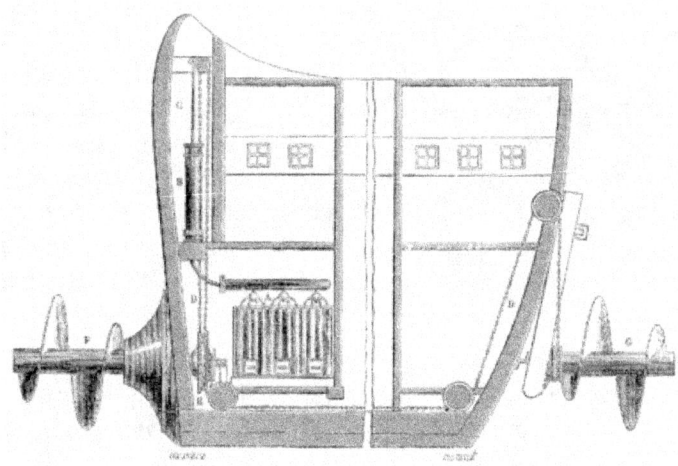

Fig. 110. — Coupe de l'arrière et de l'avant du bateau à hélice de Dallery.

La figure 110, empruntée au mémoire publié par M. Chopin-Dallery, représente le système moteur de ce bateau. A est la chaudière *à la Perkins*, qui sert à produire la vapeur ; B, le cylindre à vapeur, parcouru par le piston ; C, la tige du piston ; DD, la chaîne qui se replie sur une poulie, et vient, au moyen d'une roue à rochets E, faire tourner l'hélice F, ou plutôt l'*escargot*, comme l'appelle l'inventeur.

Ch. Dallery décrivait ainsi cet appareil dans son brevet, dont M. Chopin-Dallery a publié, depuis, le texte.

« L'aviron est remplacé, aux *approches de la mer*, par un arbre tournant posé dans la cale du vaisseau, à trois pieds au-dessous du niveau de l'eau. Cet arbre est mû par l'effet de deux rochets posés sur lui-même, qui reçoivent leur force des pistons, et de cet effet résulte un mouvement continu de rotation. L'arbre tournant est de fer, à pivots, sur deux coussinets. Il fait sur l'arrière du vaisseau une saillie de deux pieds. À cet arbre en est adapté un autre de bois, de six pieds de long ; ce dernier est garni de feuilles de cuivre un peu bombées, qui forment l'*escargot*. Leur diamètre est de six pieds et leur plan incliné (pas de vis) de trois pieds de pourtour. »

Ce mécanisme était placé à l'arrière du navire, pour produire l'action motrice. À l'avant, une autre hélice, G, mobile de droite à gauche, devait servir de gouvernail.

Mais faisons tout de suite remarquer que les dispositions mécaniques adoptées par l'auteur de ce projet, pour transmettre aux hélices les mouvements des deux pistons de la machine à vapeur, étaient trop défectueuses pour que l'exécution pût répondre à ses espérances. Comme on vient de le voir, Dallery propose, dans son brevet, de transmettre ce mouvement à l'aide de cordes et de poulies. C'était se faire une idée bien inexacte des résistances à vaincre et de la manière de combattre ces résistances [45].

Disons en outre, que cet *escargot* composé d'une simple barre de bois environnée de *feuilles de cuivre*, est bien loin de l'idée que nous nous faisons d'une hélice. En fait d'hélice, l'*escargot* de Dallery, n'était évidemment que la première enfance de l'art.

Quoi qu'il en soit, Dallery, confiant dans l'exactitude de ses vues, n'avait pas hésité à jeter toute sa fortune dans cette entreprise. Il avait ramassé 30 000 francs dans son industrie d'apprêteur d'or ;

il les consacra à la construction d'un bateau, qui fut exécuté à Bercy, avec les plus grands soins.

Fig. 111. — Charles Dallery.

Quant à la machine à vapeur et au système mécanique destiné à servir d'agent propulseur, ils ne furent montés qu'aux deux tiers, car les fonds manquèrent à l'inventeur pour terminer l'œuvre commencée.

Dans sa détresse, Dallery eut recours au ministre. Il montra ses plans, l'état où le travail en était resté, et le misérable obstacle qui le séparait du succès. Un léger secours lui aurait permis d'atteindre au but, et peut-être d'assurer à la France l'honneur que l'Amérique allait lui ravir.

Mais toutes ses démarches furent inutiles ; livré à ses propres forces, Dallery fut contraint de s'arrêter.

Quelques jours après, le bateau de Fulton, armé de ses roues, passait, triomphant, devant son malheureux rival, et faisait son premier essai sur la Seine, de Bercy à Charenton, c'est-à-dire sur la partie même de ce fleuve où flottait inachevé le bateau de Dallery.

Lorsque Fulton, dédaigné de tous, eut transporté en Amérique l'invention que la vieille Europe avait repoussée, Charles Dallery poursuivit encore de ses inutiles sollicitations, le gouvernement et ses ministres. N'ayant rien obtenu, il se rendit un matin aux bords de la Seine, et donnant l'ordre et l'exemple à ses ouvriers, il prit un marteau, et mit son bateau en pièces.

Fig. 112. — Dallery fait mettre en pièces son bateau à vapeur à hélice.

Ensuite, il reprit son humble travail d'apprêteur d'or. Quant à son brevet, il le laissa expirer au ministère de la marine, où personne ne s'en inquiéta jamais.

Dallery est mort à l'âge de quatre-vingt-un ans, à Jouy, où tout le monde l'a connu. C'était un beau vieillard, aux grandes manières. Majestueux dans sa tenue, toujours poudré à blanc et en cravate blanche, il parlait peu, ne riait jamais, et était d'une dignité royale [46].

Après Dallery, beaucoup de mécaniciens ont essayé de mettre en mouvement, par l'action de la vapeur, une ou plusieurs hélices disposées de différentes manières, sous la ligne de flottaison d'un bâtiment ou d'un bateau de rivière. Mais aucune de ces tentatives ne réussit, et leur insuccès jeta beaucoup de défaveur sur ce système. Ce n'est qu'en 1823 que les préventions qui régnaient chez les constructeurs, contre l'emploi de l'hélice, furent en partie dissipées, par les remarquables travaux qu'exécuta en France, le capitaine du génie Delisle.

Nous devons dire pourtant, que l'on a inauguré à Vienne, le 18 janvier 1863, un monument élevé à la mémoire de Joseph Ressel, qui passe, à tort ou à raison, en Autriche, pour l'inventeur de l'hélice appliquée à la navigation à vapeur.

Ressel était né à Chrudim, ville de Bohême, en 1793. Encore étudiant à l'université de Vienne, il conçut, en 1812, le projet de diriger les ballons, au moyen d'une hélice. Le moteur devait être une machine électro-magnétique. C'est ainsi qu'il fut conduit à penser que la vis d'Archimède rendrait des services sérieux dans la navigation fluviale et maritime.

Ce n'est toutefois qu'en 1826, que Ressel put exécuter ses premiers essais. Il fit construire, à cette époque, à Trieste, une petite hélice propre à mettre en mouvement un bateau à vapeur. Deux négociants avaient consenti à en payer les frais. Ressel prit un brevet pour l'application de l'hélice à la navigation ; mais la police autrichienne, nous ne savons pourquoi, l'empêcha de répandre ses prospectus.

Ressel entreprit alors la construction d'un petit bateau à hélice, mû à bras d'homme, et destiné au vice-roi d'Égypte, Méhémet-Ali.

Il obtint, peu après, la permission de construire un bateau à vapeur à hélice, dans les chantiers de Trieste. Un commerçant, nommé Fontana, se chargea d'en faire les frais.

Pendant que cette construction se poursuivait lentement, Ressel vint à Paris, où il fit quelques expériences en public, et essaya de trouver des associés. Mais un certain Messonier, à qui il avait communiqué ses plans, prit le brevet en son propre nom. Si bien que Ressel put à grand'peine se procurer l'argent nécessaire pour retourner à Trieste, où il retrouva Fontana, fort mal disposé à son égard.

Cependant, dans l'été de 1829, son bateau à hélice, la *Civetta*, dont la machine n'avait qu'une force de six chevaux, fut en mesure d'entreprendre un voyage d'essai. Ressel partit, ayant à bord de la *Civetta*, quarante passagers.

Au bout de cinq minutes, un tuyau de la machine à vapeur s'étant brisé, le bateau s'arrêta net. La police intervint et défendit à Ressel toute expérience ultérieure. La *Civetta* fut mise au vieux bois et l'on n'en entendit plus parler.

Ressel est mort en 1848.

On jugera, par le court et fidèle exposé qui précède, si c'est avec raison que l'Autriche a essayé de revendiquer en sa faveur, l'invention de l'hélice appliquée à la navigation.

Revenons au capitaine Delisle, et au beau travail, à la fois expérimental et théorique, par lequel le savant français ramena l'attention et la faveur à l'hélice motrice.

Toutes les tentatives faites jusqu'à cette époque, pour appliquer l'hélice à la navigation, avaient complétement échoué ; on s'accordait donc alors à condamner son usage d'une manière absolue. M. Delisle démontra, dans le beau travail qu'il entreprit à cette occasion, la vérité de la thèse contraire. Il s'efforça d'établir, par le calcul, la supériorité de ce système sur celui des roues à aubes, et proposa de disposer sous la quille des navires, deux hélices à trois pas de vis, placées l'une à l'avant, l'autre à l'arrière. Il fit même la proposition formelle de substituer des hélices aux roues à aubes sur les vaisseaux de guerre.

Le ministère de la marine rejeta le projet du capitaine Delisle, qui était cependant presque identique avec celui que M. Éricsson employait avec succès, huit années après, en Angleterre.

En 1843, un constructeur de Boulogne, Frédéric Sauvage, continua les recherches du capitaine Delisle. Les longs et persévérants travaux qu'il exécuta, mirent hors de doute les avantages de l'hélice comme propulseur sous-marin. C'est surtout à Sauvage qu'est due la démonstration de ce fait important, que, pour produire son maximum d'effet, la vis doit être réduite à la longueur d'une seule révolution. Cependant, malgré vingt années d'efforts, Frédéric Sauvage ne put parvenir à exécuter des essais sur une échelle suffisante pour établir d'une manière irrécusable la vérité de ses assertions.

Ruiné par ses recherches, vieux et malade, Sauvage fut arraché à la misère par le roi Louis-Philippe, qui, en 1846, lui accorda une pension. Il fut frappé d'aliénation mentale en 1854. Recueilli à cette époque, par l'ordre de l'Empereur, dans la Maison de santé de la rue Picpus, à Paris, il y passait son temps entre son violon et une volière d'oiseaux. Frédéric Sauvage est mort en 1857.

Pendant que Frédéric Sauvage poursuivait ses travaux en France, un grand nombre d'autres constructeurs exécutaient, en Angleterre et aux États-Unis, des recherches du même genre. MM. Éricsson, Beyre, Napier, Blaxman et Timothy, se distinguèrent particulièrement dans cette voie.

Pendant les années 1836 et 1837, M. Éricsson soumit à des essais très-variés, un système propulseur, composé de deux hélices, qui ne différait que très-peu de celui de notre compatriote Delisle.

Ces tentatives ayant été jugées, en Angleterre, avec beaucoup de faveur, le système de M. Éricsson fut définitivement appliqué à un petit bâtiment, le *Francis-Ogden*, qui fut soumis, comme remorqueur, à différents essais.

Fig. 113. — Frédéric Sauvage.

À la même époque, c'est-à-dire en 1838, parut le système de MM. Smith et Rennie, qui ne différait que fort peu de celui de Frédéric Sauvage.

Plus heureux que notre compatriote, les deux constructeurs anglais réussirent à obtenir la formation d'une société qui prit le titre de *Compagnie de propulsion par la vapeur.* Cette compagnie fit construire, pendant les années 1838 et 1839, un grand et beau navire, *l'Archimède*, qui fut consacré à étudier l'hélice d'une manière définitive, dans les conditions de la grande navigation. Des expériences comparatives, prolongées pendant plus d'une année, ayant fait reconnaître toute l'utilité de ce système, en 1842, la compagnie propriétaire du magnifique steamer le *Great-Britain*, dont nous avons plus haut rappelé l'origine, arma ce navire d'une hélice, d'après les plans, de MM. Smith et Rennie.

En 1847, le *Ruttler*, navire construit par la même compagnie, pour étudier l'hélice se trouvait dans le port de Boulogne, et le commandant anglais se livrait dans ce port, à des essais comparatifs de vitesse avec des navires à roues du même tonnage. On assure que Frédéric Sauvage, en prison pour dettes à Boulogne, assistait, de l'une des fenêtres de sa prison, aux essais, faits par les ingénieurs anglais, du système qu'il avait tant étudié et qu'il n'avait pas été assez heureux pour voir mettre en pratique. On comprend qu'un pareil spectacle ait pu égarer la raison du malheureux mécanicien.

En 1842, Frédéric Sauvage avait adressé à l'Académie des sciences, un mémoire sur l'application de l'hélice à la navigation. Il demandait, dans ce mémoire, à être autorisé à répéter devant une commission de l'Académie, ses expériences sur la prééminence que l'hélice simple présente sur l'hélice à plusieurs filets. Un rapport fut fait sur ce mémoire, par MM. Séguier, Poncelet, Combes et Piobert. Le baron Séguier, rapporteur, s'exprimait en ces termes :

« La France, qui a vu naître en 1775, à Baume-les-Dames, l'invention de la navigation à vapeur, due au génie de l'un de ses enfants, le vieux marquis de Jouffroy qui, le premier, a fait naviguer avec succès un grand bateau, à l'aide de la vapeur, aura encore l'honneur de voir naître chez elle ses plus importantes modifications. Aujourd'hui, nous venons un instant réclamer votre bienveillante attention en faveur d'expériences tentées par un ex-constructeur français de Boulogne-sur-Mer, devenu mécanicien fort ingénieux. Vous trouverez, messieurs, quelque opportunité dans la demande que vous a adressée M. Sauvage, de répéter sous les yeux d'une commission, avec des modèles construits à l'échelle, les expériences auxquelles il s'est déjà livré plus en grand, si nous vous disons qu'en ce moment même des ingénieurs anglais importent en France les mêmes idées dont M. Sauvage a pris le soin de se garantir la propriété par un brevet pris à une époque déjà assez reculée. M. Sauvage trouve que la puissance de son hélice, comparée à celle des autres d'une construction différente, est plus grande dans le rapport de 20 ou 18 à 14. Il est jaloux d'assurer à la France la priorité d'une application qu'il a lui-même portée à un degré de perfectionnement supérieur à celui atteint par ses concurrents. »

Mais Frédéric Sauvage ne put obtenir de répéter sous les yeux d'une commission académique, les expériences que les ingénieurs anglais exécutaient dans le même moment et sur le même objet, au milieu d'un port français.

D'après M. Charles Dupin, qui a discuté ce point dans son *Rapport sur l'Exposition de Londres de 1851*, M. Smith, qui n'était qu'un simple fermier à Middlesex, aurait la priorité sur Frédéric Sauvage, dont il aurait devancé de quatre ans le projet ; car les expériences faites en 1842 avaient été précédées, comme nous l'avons dit plus haut, d'essais faits par M. Smith, en 1838 et 1839, sur la Tamise et le canal de Paddington.

Ce qui est certain, c'est que les Anglais regardent Smith comme l'inventeur de l'hélice appliquée à la navigation, et que ce dernier a reçu à ce titre une récompense nationale.

On peut dire, pour résumer cet exposé historique, que l'idée théorique de l'emploi de l'hélice dans la navigation appartient à Daniel Bernouilli, à Paucton et au capitaine français Delisle ; et que la première application *réussie* de l'hélice sur un navire, appartient à MM. Smith et Rennie. Ce sont les résultats obtenus par ces derniers constructeurs dans la grande navigation, qui ont décidé l'adoption générale de l'hélice.

En France, le premier paquebot à vapeur qui ait été muni d'une hélice, c'est le *Napoléon*, qui fut construit au Havre, en 1843, par M. Normand.

Ce bateau à vapeur, qui porte aujourd'hui le nom de *Corse*, était muni d'une machine à vapeur de 120 chevaux, fournie par M. Barnes, de Londres ; l'hélice avait été construite par M. Nulls, du Havre. Il ne faut pas confondre le paquebot à vapeur de M. Normand avec le vaisseau de guerre, le vaisseau mixte de MM. Moll et Dupuy de Lôme, qui porte le même nom de *Napoléon*, dont nous avons parlé plus haut (figure 106, page 226), et qui, lancé en 1849, a fait époque dans l'histoire de la navigation, par sa puissance et la réunion de ses qualités nautiques.

C'est à partir de l'année 1843 que les avantages de la vis d'Archimède, comme moyen de propulsion maritime, mis entièrement hors de doute, ont rendu son emploi à peu près général dans les navires à vapeur destinés au service de la mer.

La simplicité extrême de l'hélice comme propulseur sous-marin, nous permettra d'abréger sa description.

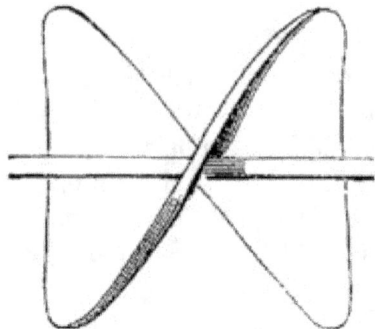

Fig. 114. — Hélice propulsive.On a beaucoup hésité sur
les dimensions à donner à la vis d'Archimède, pour en
obtenir le maximum d'effet. Après avoir fait usage de l'hélice
triple, double, etc., on a reconnu que la vis formée d'une
seule révolution, est celle qui réunit les conditions les plus
avantageuses.

La figure 114 représente l'hélice telle qu'elle a été d'abord employée
par nos constructeurs. Elle se compose, comme on le voit, d'une
seule révolution de vis.

La figure 115 montre d'autres dispositions que l'on donne
aujourd'hui à l'hélice.

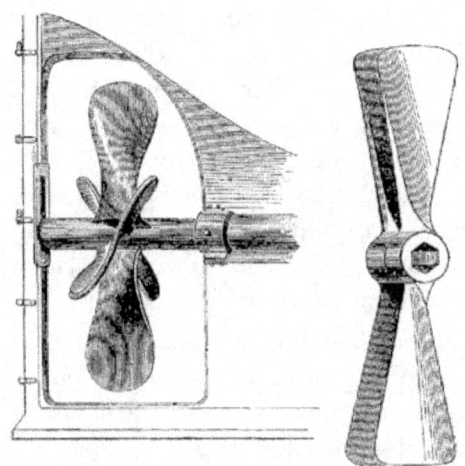

Fig. 115. — Autres formes d'hélices.

Les hélices sont habituellement en fer ; cependant le cuivre convient mieux pour leur construction, parce qu'il résiste plus longtemps à l'action corrosive de l'eau de la mer.

L'hélice est toujours placée bien au-dessous de la ligne de flottaison du navire, afin que dans aucune circonstance, l'agent propulseur ne puisse se trouver élevé hors du liquide sur lequel il agit. On l'installe à l'arrière, dans un espace libre ménagé sous la quille et dans le plan vertical qui passe par l'axe du bateau. Elle se trouve ainsi à une petite distance en avant du gouvernail.

Fig. 116. — Installation de l'hélice sous la quille du navire.

La figure 116 a pour but de montrer l'installation de l'hélice sous le bâtiment. A est l'hélice, vue dans la position où elle fonctionne ; B, le gouvernail du navire.

L'hélice est disposée, comme on le voit, dans un espace laissé libre sous la quille du navire, et dans le plan de son axe vertical. Tenue entre deux tourillons fixes, elle tourne dans cet espace, en recevant son mouvement de l'arbre de la machine à vapeur, auquel elle est liée par un *embrayage*. Sa vitesse de rotation est très-considérable : elle est habituellement de 240 tours par minute.

La figure 117 a pour but de faire comprendre, au moyen d'une coupe verticale de l'avant d'un navire à hélice, le mode d'installation de l'hélice, en d'autres termes, le *puits* qui permet de remonter, de visiter, de voir constamment l'hélice propulsive, et de surveiller son jeu, enfin son mode d'embrayage avec l'arbre de la machine à vapeur.

AA est la coupe des deux ailes de l'hélice. Installée dans son puits, l'hélice est entourée d'un cadre de fer BB qui sert à la hisser. Au moyen d'une chaîne de fer s'enroulant sur les poulies D, D et de la *haussière* E, on fait remonter ou descendre l'hélice dans son puits. G est l'arbre porteur de l'hélice, en rapport avec l'arbre de la machine à vapeur qui le fait tourner.

F est un *presse-étoupe*, fixé au manchon de l'arbre de la machine à vapeur, et destiné à fermer l'issue à l'eau qui s'introduirait dans le navire par le manchon de l'arbre.

Il est souvent nécessaire de suspendre l'action de l'hélice. Il faut donc un mécanisme qui permette d'établir ou d'interrompre son action motrice, c'est-à-dire, un *embrayage*.

164

I est l'*embrayeur* destiné à mettre en rapport l'arbre de la machine à vapeur avec l'arbre de l'hélice. Le levier J remplit cet office ; il écarte ou met en prise les deux arbres de l'hélice et de la machine à vapeur. H est le *palier de butée* sur lequel se fait la poussée de l'hélice contre le navire.

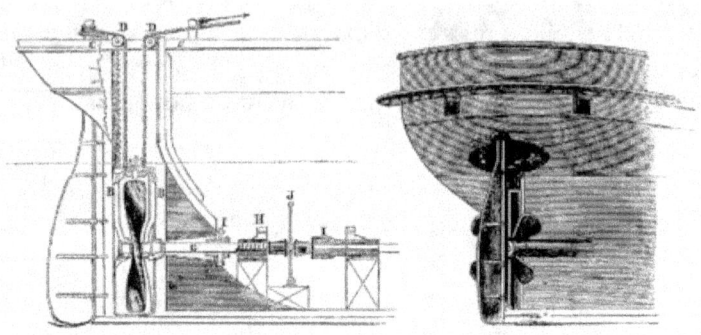

Fig. 117. — Le puits de l'hélice (coupe et élévation).

Quant aux dimensions de l'hélice, elles dépendent de celles du navire, et sont liées à ce dernier élément par des règles pratiques et des formules précises. Nous dirons, pour prendre un exemple, que l'hélice du *Napoléon*, avec une machine à vapeur de 500 chevaux, a une longueur de $5^m,80$.

Indiquons rapidement les avantages qui se rattachent à l'emploi de l'hélice, dans la navigation par la vapeur. Ils peuvent se résumer ainsi :

1° L'agent propulseur du navire est à l'abri de l'atteinte des boulets et des divers projectiles, de la chute des mâts et des diverses causes d'accidents de ce genre, de nature à l'endommager.

2° La suppression des roues, diminuant la largeur du bâtiment, lui donne plus de facilité pour entrer dans un port, dans un bassin, etc., ou pour y manœuvrer.

3° Le navire offre moins de prise au vent, par suite de l'absence des tambours qui environnent les roues.

4° La vis, toujours immergée, quel que soit le degré d'inclinaison que prenne le navire par l'action du vent ou le mouvement du roulis, communique à l'action motrice une remarquable égalité, précieuse dans bien des cas.

Louis Figuier

5° Sur un bâtiment de guerre, l'espace occupé par les roues devenant libre, on peut établir des batteries dans toute sa longueur.

6° Les navires à hélice, présentant la même forme que les navires à voiles, peuvent être plus rapidement convertis en bâtiments à voiles. Or, si l'on peut suspendre par intervalles l'action de la vapeur, et ne l'employer que par les temps de calme ou par les vents contraires, on réalise sur le combustible une économie considérable.

7° Enfin, comme l'hélice est mise en action par des machines à vapeur qui n'occupent qu'un faible espace, les bâtiments de commerce qui en sont pourvus, peuvent disposer, pour les marchandises, d'un emplacement plus considérable.

Ces avantages sont en partie contre-balancés par quelques inconvénients, qu'il nous reste à énumérer.

Le premier, et le plus grave, consiste dans l'infériorité de vitesse que présentent les navires à hélice sur les bâtiments à roues, dans les conditions de la navigation ordinaire.

Cette infériorité relative dans la vitesse, provient de ce que le mouvement de la vis au sein de l'eau, amène nécessairement une perte de force mécanique, perte plus grande que celle qui résulte de l'emploi des roues. L'hélice exerce sur l'eau un double mouvement : elle la pousse d'arrière en avant, et sur les côtés. Ce dernier effet est perdu pour la progression ; la force nécessaire pour le produire est donc dépensée en pure perte.

Aussi a-t-on reconnu que, dans un temps calme, la vitesse d'un navire à hélice est inférieure de douze centièmes environ, à celle d'un bateau à roues.

Il faut remarquer seulement que, dans les navires à hélice, la perte de force qui provient de l'agent moteur, est un élément constant, qui ne s'accroît dans aucune circonstance. Au contraire, celle qui résulte, dans les bâtiments à roues, de l'élévation de l'appareil moteur hors du liquide, par suite du mouvement de la mer, augmente souvent dans des proportions dont il est impossible de tenir compte. De telle sorte que, tout considéré, la vitesse devient presque la même avec l'un ou l'autre de ces propulseurs.

Il faut ajouter, comme inconvénients liés à l'emploi de l'hélice, le bruit continuel et désagréable causé par les engrenages, la crainte de voir l'appareil moteur brisé par la rencontre des rochers et des écueils, l'usure rapide des supports dans lesquels l'hélice tourne avec une rapidité extraordinaire, enfin la difficulté qu'on éprouve souvent à la retirer lorsqu'elle exige quelque réparation, et surtout à la remettre en place, en la fixant exactement dans la direction de l'axe du navire qu'elle doit toujours occuper pour fournir le maximum de son action motrice.

La conclusion des faits qui viennent d'être énumérés, est facile à déduire. L'hélice, manifestant surtout son utilité dans le cours d'une navigation accidentée et difficile convient parfaitement au service de la mer. Sur les rivières et sur les fleuves, elle présente beaucoup moins d'avantages. Il est de toute évidence qu'un navire de guerre ne peut employer que l'hélice comme moyen propulseur. Quant aux paquebots ou bâtiments de commerce, bien qu'ils semblent devoir en tirer des avantages moindres, on les voit cependant depuis quelques années, l'adopter de préférence. Presque tous les bâtiments à vapeur que l'on construit en Angleterre, pour le service du commerce, sont munis de l'hélice. En France, on tend de plus en plus à suivre cet exemple, et pour la plupart des constructions navales, on a recours aujourd'hui à l'hélice, de préférence aux roues.

Pour donner une idée exacte des nouveaux navires à hélice, et pour présenter, en même temps, des types intéressants de notre marine militaire actuelle, nous représentons (fig. 118) un des plus beaux *vaisseaux* de notre flotte cuirassée, le *Solférino*, lancé en 1863.

L'impression que produisit l'arrivée sur une rade, d'un vaisseau cuirassé, fut toute particulière. Lorsque le *Magenta* ou le *Solférino* apparurent aux yeux des marins, ils excitèrent une stupéfaction railleuse. Dans ces constructions insolites, tout différait d'aspect avec nos anciens vaisseaux, monuments grandioses, élégants, d'une hardiesse de lignes éminemment agréable à l'œil, ce qui a toujours fait dire qu'un vaisseau de haut bord est le chef-d'œuvre du génie humain.

Un vaisseau cuirassé, comme le *Magenta* ou le *Solférino*, présente, en effet, au premier aperçu, un aspect vraiment baroque. Son avant, incliné vers la flottaison, à l'encontre des constructions ordinaires ; son arrière, qui rappelle celui d'une lourde galiote hollandaise ; sa mâture écourtée, tout cela ne ressemble en rien aux constructions habituelles de la marine militaire.

Fig. 115. — Le *Solférino*, vaisseau cuirassé à éperon, lancé en 1863.

Cependant, en approchant plus près, l'œil exercé d'un marin découvre dans ces façons excentriques, une raison d'être au niveau des exigences de la guerre actuelle. Marche, aménagements, artillerie, tout répond victorieusement, dans nos vaisseaux cuirassés, au but que l'on s'est proposé.

Le *Solférino* a les dimensions d'un vaisseau de 90 canons. Comme tous nos vaisseaux cuirassés, il n'a que deux ponts ou deux batteries, au lieu des trois ponts de nos anciens vaisseaux de guerre. Le poids de la cuirasse nécessite ce retranchement. Les murailles des batteries sont recouvertes de plaques de fer de 15 centimètres d'épaisseur, qui, descendant en dessous de la flottaison et remontant de 4 mètres au-dessus, viennent se terminer à l'étrave et à l'étambot, à l'avant et à l'arrière des batteries. Ici se trouvent donc les parties vulnérables du navire. Mais une muraille de fer intérieure protége efficacement l'avant et l'arrière des batteries. En un mot, toutes les œuvres vives sont à l'abri des projectiles.

La mâture et le gréement sont ceux d'un trois-mâts goëlette, et lui permettent d'atteindre, à la voile, la marche d'un navire ordinaire. L'aération du bâtiment (chose très-importante) est dans les meilleures conditions de salubrité, conditions qui manquent aux frégates.

Tout fait croire que ces navires atteindront leur but de destruction, but, hélas ! peu philanthropique, que le génie moderne s'est proposé dans l'art naval, révolutionné par les découvertes récentes.

Une hélice de la dimension de 6 mètres donne au *Solférino* une vitesse de 12 à 13 nœuds.

L'étrave est garnie d'un éperon en bronze, lié au navire.

Nous laissons à l'imagination du lecteur le champ libre pour se faire une idée des dévastations que peut produire un éperon, un engin de guerre, de cette sorte.

La force de la machine à vapeur du *Solférino* est de mille chevaux. Sa longueur, de verticale en verticale, est de 86 mètres ; sa largeur de 16 mètres, son tirant d'eau, en charge, de $7^m,8$.

Un équipage ordinaire de vaisseau (800 hommes) donne la vie à ce monstre flottant. De vastes logements permettent à un amiral et à son nombreux état-major, de s'y établir confortablement.

Le *Solférino* porte des canons rayés, du calibre de 30. La première batterie renferme 26 canons, la seconde 24. Les deux gaillards sont, en outre, munis, chacun, de deux canons du même calibre.

La mâture à voiles a les dimensions suivantes :

Grand mât,	36	mètres de hauteur,	$0^m,75$	de diam.
Mât de misaine,	34	—	$0^m,75$	—
Mat d'artimon,	26	—	$0^m,59$	—
Beaupré,	17	—	$0^m,44$	—

La voilure que le *Solférino* peut développer équivaut, prise en totalité, à 1 500 mètres de surface de toile.

La destination particulière des vaisseaux de guerre cuirassés du type du *Solférino*, c'est de porter le pavillon du commandant en chef d'une escadre.

Pour donner une idée des dimensions d'un navire cuirassé et montrer dans sa nudité, hors du liquide, l'*éperon*, son arme offensive, c'est-à-dire le plus terrible engin de destruction que l'homme ait encore réalisé sur la mer, nous représentons à part (figure 119), l'*éperon du Solférino*, en d'autres termes, l'*avant d'un vaisseau cuirassé*.

Fig. 119. — Avant d'un vaisseau cuirassé armé de son éperon.

Nous représentons aussi (figure 120) une *frégate cuirassée* de notre flotte de combat : l'*Héroïne*.

Fig. 120. — L'*Héroïne*, frégate cuirassée, lancée en 1864.

Personne n'ignore que la première frégate cuirassée, créée en France, fut *la Gloire*, construite dans les chantiers de Toulon, en 1858, sous la direction de M. Dupuy de Lôme. Le succès le plus complet couronna les efforts de cet éminent ingénieur. Des perfectionnements de détail ajoutés depuis, ont fait de ce genre de navire, un type original, qui est devenu réglementaire pour les frégates de guerre de cette espèce.

Nos frégates cuirassées actuellement à flot, réunissent à la fois l'élégance, la grâce des lignes, et l'aspect imposant et sévère des bâtiments de la marine militaire. D'une finesse excessive dans les œuvres vives, elles font voir au premier coup d'œil qu'elles sont destinées à réaliser une grande vitesse. Leur mâture proportionnée à leur coque, s'harmonise parfaitement, et rappelle les plus élégantes frégates d'autrefois.

La frégate l'*Héroïne* est revêtue de bout en bout, d'une cuirasse de fer de l'épaisseur de $0^m,12$ à $0^m,15$.

Le poids total du blindage représente 1 000 tonneaux. La batterie armée de 36 canons se chargeant par la culasse, est assez élevée au-dessus de sa ligne d'eau, pour permettre de faire feu dans toutes les positions.

L'hélice, du diamètre de $5^m,90$ mise en mouvement par une machine à vapeur de 900 chevaux, donne au navire une vitesse moyenne de 12 à 13 nœuds.

L'avant de la frégate abaissé perpendiculairement, représente son éperon. Son inclinaison de haut en bas, peut produire le même résultat destructif que l'éperon des vaisseaux le *Solférino* et le *Magenta*.

L'*Héroïne* a 70 mètres de longueur et 17 de largeur. La force de sa machine à vapeur est de 900 chevaux. Elle porte 36 canons rayés du calibre de 30.

Ce type de bâtiment est une des gloires de nos constructions navales. Il réunit toutes les conditions indispensables à un bon croiseur : marche, solidité, etc. Au premier engagement naval sérieux, la France pourra prouver à son ennemi, d'une manière tout à fait concluante, qu'elle a le génie pratique des choses de la mer, et qu'elle n'a rien à envier, sous ce rapport, à aucune nation maritime.

Beaucoup de marines étrangères, l'Espagne, l'Italie, le Portugal, ont recherché les types de nos frégates cuirassées. Les essais auxquels on les a soumises en plusieurs occasions, ont donné raison aux principes qui ont présidé à leur construction.

En présence de ces divers changements que la machine à vapeur a permis d'apporter à notre marine de guerre, on se demande quelle influence exercera ce système nouveau, quand il sera généralisé et adopté par toutes les nations qui possèdent une marine de quelque importance. Nous avons traité avec quelque étendue, cette question, dans un de nos ouvrages. On nous permettra donc de rapporter ici ce que nous disions à ce propos, dans l'*Année scientifique* de 1863.

« La guerre maritime, disions-nous, s'exerce par trois moyens différents : 1° par l'attaque ou la défense des côtes et des points fortifiés ; 2° par les croiseurs et les corsaires ; 3° par les combats de navire à navire. Voyons les modifications que les bâtiments cuirassés ont apportées ou pourront introduire dans ces diverses opérations de la guerre maritime.

« *Attaque et défense des côtes ou des points fortifiés.* — La nouvelle découverte a révolutionné cette partie de l'art de la guerre. D'une part, les places réputées imprenables, telles que Cronstadt, Gibraltar et Malte, ne le sont plus. Les batteries, autrefois si redoutées, qui hérissent tous les abords de ces places, ne seront plus, en effet, que de faibles obstacles pour les nouveaux vaisseaux de guerre cuirassés, qui, bravant leurs canons, pourraient en quelques heures les réduire en un monceau de ruines.

« Mais s'il n'est plus désormais possible d'arrêter les opérations d'une flotte cuirassée par l'artillerie de terre, on pourra profiter, pour défendre les ports, de ces mêmes moyens ; on pourra opposer à l'attaque les engins offensifs qu'elle possède elle-même, soit en construisant des batteries flottantes cuirassées, soit en recouvrant de fer les batteries fixes des côtes.

« Il n'est pas douteux que des forts revêtus de fer et munis d'une puissante artillerie ne soient invulnérables ; mais, d'un autre côté, leur construction exigerait des dépenses telles, que les Anglais mêmes hésitent à user en grand de ce moyen de défense. Le nombre de ces constructions fixes sera, dans tous les cas, toujours limité à l'étendue de la côte, tandis qu'une flotte cuirassée multiplie les points d'attaque en se déplaçant à son gré, et peut ainsi rendre les défenses de terre inutiles.

« Si les batteries fixes ne sont pas d'une efficacité parfaite pour la protection des côtes, soit parce qu'elles ne résisteraient pas elles-mêmes au feu des navires cuirassés, soit parce que leur tir combiné n'embrasserait pas complétement l'espace qui les séparerait les unes des autres, elles peuvent être d'une très-grande utilité en couvrant de leurs feux les batteries flottantes cuirassées, en leur servant de point de ralliement et leur permettant d'agir contre l'ennemi à un moment donné. Les mêmes principes qui permettent à une force inférieure sur terre de résister à l'attaque d'un ennemi supérieur, permettront également à une force maritime inférieure, si elle est convenablement soutenue, de résister à l'attaque d'une force plus nombreuse.

« Opposer des batteries flottantes cuirassées aux navires cuirassés qui voudraient attaquer une côte, tel est donc le meilleur système que l'on puisse adopter. Les combats, au lieu de se livrer entre les constructions des côtes et les navires, deviendraient ainsi tout à fait navals, et nous étudierons plus loin ce que peut être maintenant une lutte semblable.

« Les Anglais, que l'absurde panique d'une invasion française a longtemps tenus en éveil, l'ont si bien compris que, tout en construisant leurs premiers navires blindés, ils ont consacré une somme de 5 680 000 livres sterling (142 millions de francs) à la défense de leurs principales places maritimes. Ils y ont établi un système combiné de forts revêtus de fer et de batteries flottantes, auxquels ils se proposent d'ajouter des obstacles sous-marins ou flottants.

« *Croiseurs et corsaires.* — Un navire de bois ne saurait résister longtemps à un bâtiment cuirassé. S'il n'est pas immédiatement incendié par les fusées ennemies, si les obus et les boulets ne l'ont pas en quelques minutes mis en pièces et coulé, il sera inévitablement ouvert par le choc de l'énorme éperon de fer, ou de l'arête tranchante, qui est le complément ordinaire de la cuirasse, dans les nouvelles constructions navales. Ce sera donc désormais une terrible guerre que celle des croiseurs et des corsaires, qui monteront nécessairement des navires bardés de fer. Si une guerre internationale venait à éclater, les vaisseaux marchands n'auraient qu'à chercher un prompt salut au fond des ports, sous la protection des canons de la place.

« Les Anglais, dont les vaisseaux de bois sillonnent aujourd'hui les mers, auraient tout à redouter d'une guerre de ce genre. En six mois, cinq ou six de nos frégates cuirassées suffiraient pour ruiner le commerce de l'Angleterre, en anéantissant les milliers de bâtiments marchands qu'elle possède, ou bien en lui interdisant, par la terreur, toute navigation de longue haleine.

« Ajoutons qu'avec ces navires invulnérables, on peut transporter rapidement un corps de troupes dans des possessions lointaines, surprendre les colonies, les rançonner ou les ravager. Il y aurait là, pour la Grande-Bretagne, qui ne vit que par ses colonies, un danger immense. Elle serait attaquée dans les principes mêmes de son existence. Londres n'est pas, en effet, à l'Angleterre, ce que Paris est à la France : un cœur ou une tête, de l'intégrité desquels dépend l'existence du corps. Cette puissance tire sa séve et sa richesse de ses nombreuses et florissantes colonies, au moyen de nombreux vaisseaux qui vont explorer tous les points de la terre. Les frégates cuirassées détruisant les racines et les sources de la séve britannique, le tronc ne tarderait pas à périr.

« *Combats sur mer.* — Les combats navals seront probablement à l'avenir évités, comme inutiles, ou nuls dans leurs effets.

« Avant l'invention de la cuirasse, grâce aux progrès de l'artillerie et avec les moyens dont ils pouvaient disposer, deux vaisseaux de guerre ennemis, bien armés et montés par de courageux équipages, devaient s'entre-détruire inévitablement, en un bref intervalle de temps. L'application de la cuirasse de fer a tout changé, et produit un résultat contraire. Au lieu de s'entre-détruire en quelques minutes, deux frégates cuirassées seraient fort embarrassées pour se nuire sensiblement dans toute une journée. Les faits ont déjà prouvé la vérité de cette assertion. En 1862, pendant la guerre d'Amérique on vit durant cinq heures, les boulets ou les obus du *Monitor*, du poids de 184 livres, ricocher sur la cuirasse du *Merrimac* ; en sorte que si le *Merrimac* eût continué son œuvre de destruction sur les navires en bois de l'escadre fédérale, sans s'occuper du nouveau venu, le *Monitor* eût été impuissant à l'en empêcher.

« Les Anglais n'avaient accepté qu'avec répugnance le blindage métallique des navires, dont l'invention leur venait de la France. Dans leur désir de rendre nuls les effets de cette armure défensive, appelée à réduire à l'impuissance leur immense matériel naval, ils ont cherché à créer des canons capables de les percer. Ils y sont parvenus, car le problème, consistant à briser par des boulets, des plaques métalliques d'une épaisseur donnée, n'était point au-dessus des ressources de l'art moderne. Il n'y avait qu'à prendre des canons d'une puissance considérable et capables de recevoir des charges extraordinaires de poudre. Nos voisins ont fait grand bruit des expériences de Schœburyness, exécutées pendant l'été de 1862 et reprises, avec un succès moins contestable, au mois de novembre de la même année. Là, en présence d'une réunion d'amiraux, d'ingénieurs et d'officiers, on a montré avec orgueil, l'effet destructeur d'un canon Withworth, qui est parvenu, à 800 mètres de distance, à traverser des plaques métalliques plus épaisses que celles du *Warrior*, c'est-à-dire de 4 et de 5 pouces d'épaisseur, reposant sur un revêtement de bois de 18 pouces. Les boulets lancés pesaient 150 livres et la charge de poudre était de 27 livres. Ce canon était d'un formidable poids. Il pesait 7 tonnes.

« Les expériences de Schœburyness, à tort ou à raison, ne nous produisent l'effet que d'un fantôme sur lequel il suffit de marcher pour le voir s'évanouir. Ces résultats, dont nos voisins s'enorgueillissent, ne nous semblent pas faits pour modifier la confiance que doit inspirer la cuirasse défensive de nos vaisseaux. Sans doute, lorsqu'on tire tranquillement, à terre, sur des plaques métalliques, avec de formidables canons, dans des expériences attentives, calculées pour agir sur l'opinion publique, on peut parvenir à trouer les plaques les plus massives. Mais à quoi servirait tout cela dans la pratique de la mer ? Où sont les bâtiments de guerre qui embarqueraient des canons du poids de 7 tonnes, avec tout leur approvisionnement pour une campagne ? Le canon d'un navire ne tire forcément que sous un certain angle, et les boulets ne viennent jamais le frapper lui-même perpendiculairement, comme dans des expériences d'artillerie, faites à terre. Le mouvement de la mer suffirait pour s'opposer à la normalité de ce tir. Aussi les canons dont on s'est servi dans les expériences de Schœburyness, une fois arrimés à bord, seraient-ils plutôt capables de nuire à ceux qui les emploient, qu'à l'ennemi lui-même. La pratique a démontré qu'un vaisseau ne peut pas embarquer des canons de plus de 50 ; or ces pièces ne pourront jamais entamer une armure de fer comme celles de *la Gloire* ou du *Warrior*. Les canons Armstrong de gros calibre, de Horsfall, ou de Withworth, ne sont bons qu'à terre ; on ne

Louis Figuier

saurait ni les placer ni les charger à bord d'un vaisseau. Quelques-uns ont 4 mètres de long, ils pèsent, comme nous l'avons dit, 7 000 kilogrammes et lancent des boulets de 150 livres ! Ces chiffres effrayent l'imagination ! Quel navire, nous le répétons, se chargera jamais de semblables masses, et peut-on sérieusement présenter de pareils engins comme propres aux manœuvres habituelles de la mer ?

« Laissons donc les Anglais se tranquilliser en apparence ; laissons-les publier, pour satisfaire l'opinion publique, les résultats rassurants de leur monstrueux tir, et restons confiants dans nos cuirasses. Jamais les résultats obtenus en Angleterre ne justifieront les espérances dont on a bercé la nation britannique.

« D'ailleurs, une frégate cuirassée serait-elle réellement compromise parce qu'on aurait réussi à percer en quelques points, son blindage, avec des boulets ? Les dispositions sont prises, à bord de tous ces navires, pour remplacer promptement par une autre, une partie avariée de la cuirasse.

« Nous sommes loin assurément de prétendre, d'une façon absolue, que les navires cuirassés soient complètement invulnérables. On sait fort bien, par exemple, qu'un obus entrant par un sabord dans une batterie, y ferait, en éclatant, plus de mal qu'un boulet massif de 150 livres qui passerait à travers sa cuirasse métallique. C'est là ce qui força *le Merrimac* à la retraite dans sa fameuse lutte avec *le Monitor*. Mais les navires cuirassés ont un degré d'invulnérabilité relative qui nous permet de dire que de tels faits ne sont qu'accidentels dans une lutte de navire à navire.

« Arrivons à l'abordage. Avec le nouveau système de revêtement métallique des vaisseaux de guerre, l'abordage sera, il nous semble, impraticable. Dans le cas, en effet, où les matelots pourraient réussir à mettre le pied sur le pont d'un navire ennemi, ils resteraient exposés, sans défense et sans abri, à l'éclat des bombes explosives qu'on lancerait sur le pont, et aux jets d'eau bouillante dont on les inonderait de l'intérieur de la machine.

« Le seul moyen offensif qui reste à employer sur mer, dans les conditions nouvelles que nous étudions, c'est la masse même du navire, que l'on précipitera sur le point le plus faible du bâtiment ennemi, c'est-à-dire par le *travers*. Le premier bâtiment devient alors lui-même un énorme projectile qui entr'ouvre les flancs de son adversaire, si sa vitesse est suffisante et si son avant est assez solidement constitué. Le contre-coup peut, toutefois, être fatal à l'agresseur, et l'on sait que la proue du *Merrimac* fut en partie brisée par un semblable choc contre *le Monitor*.

« Dans la prévision que cette manière de combattre sera peut-être un jour la seule efficace, on arme, aussi bien en France qu'en Angleterre, les bâtiments cuirassés, soit d'une proue tranchante comme dans la *Gloire*, et l'*Héroïne*, soit d'un éperon comme dans le *Solférino* et le *Warrior*. Cet éperon peut être à fleur d'eau ou sous-marin, afin d'aller atteindre les parties profondes du navire, là où cesse le revêtement de métal. Il est vrai que, pour éviter dans ce dernier cas l'effet désastreux de l'atteinte de l'éperon ennemi, on fait descendre la cuirasse jusqu'à une assez grande distance au-dessous de la ligne de flottaison. Toutefois, il est très-probable qu'on cherchera bientôt à percer la coque des navires avec des machines allant l'attaquer jusqu'à la cale, afin de chercher, soit dit sans figure, le défaut de la cuirasse. Il sera donc peut-être bientôt nécessaire de revêtir de fer la carcasse entière des vaisseaux.

« En résumé, l'invention des cuirasses métalliques a complétement bouleversé l'art de la guerre maritime. Elle est venue annuler tout à coup l'ancienne tactique navale, œuvre de tant de siècles, et par là, on peut le dire, ôter sa poésie au métier de soldat à la mer. Il n'y aura plus désormais de Duguay-Trouin ni de Nelson. Les historiens n'auront plus à nous dépeindre les sublimes horreurs de ces luttes navales où les voiles, labourées par la mitraille, laissaient flotter au vent leurs lambeaux déchirés ; où les mâts, fracassés par les boulets, tombaient sur le pont, avec un horrible fracas, entraînant dans leur chute les haubans et les cordages, écrasant officiers et soldats. Plus de ces combats corps à corps, résultat d'un abordage désespéré, où le matelot défendait pied à pied, le pont de son navire, sa seconde patrie. Le mécanicien sera le véritable commandant du bord. La science, et non l'intrépidité individuelle, remportera les victoires. La puissance matérielle des nouveaux bâtiments prendra la place de l'intelligence des officiers et du courage des matelots. Le boulet et l'obus impuissants ne frapperont plus des agrès inutiles. Ils ne rencontreraient que le fer de la cuirasse, et rejailliraient inoffensifs, dans la mer. Le pavillon national, flottant au-dessus de la carapace noire et nue, fera seul comprendre qu'il existe dans cette masse sombre et silencieuse, des cœurs de soldats. On ne sentira les navires guidés par une volonté unique, qu'à leurs mouvements réguliers et aux bordées terribles lancées par leurs canons.

« Il y a dans tout cela quelque chose d'amer et de triste pour la dignité militaire et le courage d'un homme de cœur ; mais le devoir de tous est de s'incliner devant le progrès, quelles que soient les conséquences qu'il entraîne.

« Par l'emploi général de la cuirasse métallique, les forces maritimes seront à l'avenir égalisées, car les faibles navires ne deviendront pas aussi facilement qu'autrefois, la proie des grands. Ce sera dans l'épaisseur de la cuirasse, dans la rapidité des mouvements, dans la pente bien calculée du pont et des murailles, que résidera désormais la force, plutôt que dans la masse du navire ou la puissance de son artillerie. Une petite nation, comme le Danemark, sera forte avec une marine cuirassée relativement minime, si ses navires sont bien armés et bien construits. Une faible nation maritime, si elle peut s'imposer la dépense des 7 millions qu'a coûté *la Gloire*, pourra faire respecter son pavillon sur les mers. Si une flotte anglaise, par exemple, comme en 1807, bombardait Copenhague, les Danois pourraient promptement user de représailles contre leurs voisins. Il suffirait de deux batteries flottantes, pour faire subir le même sort à une riche et florissante cité anglaise, située en un point quelconque de ses côtes. La crainte de semblables représailles arrêterait d'injustes agresseurs dans l'exécution de leurs desseins meurtriers.

« Ainsi l'emploi de la cuirasse tendra à égaliser les forces maritimes des nations les plus disparates par leur importance. Ce ne sera plus tant la grandeur des États, mais leur degré d'industrie qui fera désormais la puissance navale.

« Il y aura là un double progrès, puisqu'en même temps que les combats sur mer seront moins meurtriers, leur prévision entraînera un développement considérable des forces industrielles de chaque nation, développement qui profitera à l'industrie métallurgique et à la science de l'ingénieur [47]. » Revenons pour terminer ce chapitre, à l'hélice propulsive.

Nous disions plus haut que l'hélice présente moins d'avantages pour le service des fleuves que pour celui de la mer. Cependant, on a commencé à construire des bateaux à hélice pour le service des fleuves et des rivières. On en voit quelques-uns sur les fleuves de l'Amérique. En France, les bateaux à hélice sont encore rares dans nos fleuves.

Un des bateaux à vapeur qui font le service d'*omnibus* sur la Seine, depuis l'Exposition universelle de 1867, est mû par une hélice. Nous représentons (figure 121) ce modèle intéressant d'un bateau à hélice, destiné à la navigation sur les fleuves et rivières.

Fig. 121. — Bateau à vapeur faisant le service d'omnibus sur la Seine (Modèle à hélice).

La disposition extérieure de ce bateau à hélice, est la même que celle des grands bateaux à vapeur qui parcourent les grands fleuves de l'Amérique, ces véritables palais flottants à deux ou trois étages qui transportent cinq ou six cents personnes, dans trois galeries superposées. Ainsi le bateau-omnibus à hélice dont le lecteur a la figure sous les yeux, et qui parcourt les rives tranquilles de la Seine, peut donner aux Parisiens l'idée et l'image de ces bateaux énormes qui naviguent en Amérique sur l'Hudson ou l'Ohio.

Pour compléter le tableau, nous faisons suivre cette figure du modèle du même genre de bateau, qui est muni de roues à aubes, et qui sert, comme le précédent, à faire le service d'omnibus sur la Seine (figure 122).

Fig. 122. — Bateau à vapeur faisant le service d'omnibus sur la Seine à Paris (Modèle à roues).

CHAPITRE VIII

PRINCIPAUX TYPES DE MACHINES À VAPEUR EMPLOYÉES DANS LA NAVIGATION. — MACHINE DES BATEAUX À ROUES. — MACHINE DES BATEAUX À HÉLICE. — LES CHAUDIÈRES DES BATEAUX À VAPEUR.

Les détails dans lesquels nous sommes entré, dans la première Notice de ce volume, relativement aux divers systèmes de machines à vapeur employés pour les machines fixes, nous dispenserons de nous étendre beaucoup sur la description des machines de ce genre consacrées au service de la navigation. Aucune différence importante n'existe, en effet, entre les machines fixes établies dans les usines et celles qui fonctionnent à bord des navires ou des bateaux de rivière. La seule particularité à noter, c'est que, sur un bateau muni de roues, on emploie deux machines à vapeur, au lieu d'une seule. Dans l'espace étroit réservé au mécanisme, on ne pourrait facilement établir le volant, qui sert dans les machines fixes à régulariser le mouvement. On arrive au même résultat en faisant usage de deux machines à vapeur distinctes qui viennent agir, chacune, sur l'arbre tournant auquel sont fixées les roues. Les manivelles de l'arbre de chaque machine sont disposées à angle droit l'une sur l'autre, de telle sorte que lorsque l'une d'elles est au point le plus avantageux de sa course, l'autre se trouve au point le plus désavantageux, au *point mort*, comme on dit en mécanique, ce qui assure la continuité et la régularité de la rotation de l'arbre.

Les types de machines à vapeur employés dans la navigation, varient selon que le bateau est porteur de roues à aubes ou d'une hélice. Pour les roues à aubes, il suffit d'imprimer à l'axe des roues une vitesse modérée ; quand il s'agit de l'hélice, il faut, au contraire, transmettre à ce propulseur un mouvement excessivement rapide ; dans ce dernier cas, on est obligé, pour ne pas trop multiplier les engrenages ayant pour effet d'augmenter la rapidité primitive de la machine, de faire usage de types particuliers de machines à vapeur.

Machines à vapeur des bateaux à roues. — Un type de machine fréquemment employé pour les bateaux ou navires à roues, est la *machine de Watt*. Ces machines, qui ont été les premières en usage dans la navigation, sont, à la vérité, lourdes et encombrantes ; mais ce sont celles qui offrent la plus grande solidité, qui sont les moins sujettes aux avaries, qui peuvent supporter le travail le plus long et le plus soutenu.

Les *machines du type Watt* employées à bord des bateaux et des navires, étant fort peu différentes dans toutes leurs dispositions, de celles qui sont en usage dans les usines, c'est-à-dire des machines fixes, nous n'aurons pas à nous étendre ici sur leur description. La seule différence à signaler entre les machines à basse pression de nos usines et celles des bateaux ou navires, se rapporte à la place occupée par le balancier. Dans les bateaux, où l'espace a besoin d'être ménagé, on ne pourrait établir sans beaucoup d'inconvénients le haut et volumineux balancier qui, dans la machine de Watt, s'élève au-dessus du cylindre ; on le dispose donc au-dessous, à l'aide d'une tige articulée qui sert de moyen de renvoi. C'est, comme nous l'avons déjà dit, la disposition que Fulton avait employée sur le *Clermont*, son premier bateau à vapeur. Le balancier, ainsi placé à la partie inférieure du mécanisme, produit le même effet que produit, dans les machines fixes, le balancier situé à leur partie supérieure.

Si donc on se représente une machine à vapeur à condensation, telle qu'elle est figurée page 126, mais dans laquelle le balancier, au lieu de se trouver installé au-dessus du cylindre, soit disposé au-dessous, on aura une idée suffisamment exacte de la machine du type Watt qui sert à la navigation. Quelques différences peu importantes se remarquent seulement, selon les formes du bateau, dans les dispositions et l'installation des différentes pièces du mécanisme.

En Angleterre, en Hollande, en Belgique, dans une partie des États-Unis, en France, pour la marine de l'État, la machine de Watt à condenseur et à basse pression, c'est-à-dire à la pression d'une atmosphère ou d'une atmosphère et quart, est la seule en usage pour les bateaux à roues.

On comprend difficilement, au premier aperçu, les motifs qui pourraient dicter l'adoption, sur les bateaux, des machines à haute pression, sans condenseur. Les eaux affluentes fournissant toute la quantité d'eau nécessaire à la condensation de la vapeur, il paraît étrange de se servir, sur les fleuves ou les mers, de machines sans condenseur. Cependant on voit en Amérique, ainsi qu'en Europe, plusieurs bateaux mis en mouvement par ce genre de machines. Leur emploi s'explique par les nécessités spéciales du service de ces paquebots. Ils n'ont, en général, à accomplir qu'un trajet très-court ; une grande vitesse est pour eux la condition du succès. La machine à haute pression offrant, sous un faible volume, une puissance motrice considérable, présente, dans ce cas, de véritables avantages, et dans de telles conditions on s'explique parfaitement l'emploi d'une machine qui fait perdre le bénéfice de la force motrice d'une atmosphère.

Si la machine à haute pression n'offre point d'avantages, sous le rapport économique, quand on laisse la vapeur se perdre librement dans l'air, elle présente, au contraire, des conditions très-précieuses lorsque la vapeur à haute pression, au lieu d'être rejetée dans l'atmosphère, est soumise à la condensation. Nous avons vu que l'industrie a tiré un parti des plus heureux de la combinaison de ces deux systèmes, et que dans plusieurs machines fixes qui fonctionnent dans nos usines, on emploie de la vapeur à haute pression, que l'on condense, après qu'elle a produit son effet. On réunit ainsi le double bénéfice de la puissance motrice considérable dont jouit la vapeur à haute tension, et celui qui résulte de sa condensation. Cette alliance des deux systèmes, que l'on a réalisée avec tant de profit sur les machines fixes, est aussi adoptée pour la navigation. Une partie des bateaux à vapeur qui parcourent nos fleuves, portent des machines qui sont à la fois à haute pression et à condenseur. La vapeur y fonctionne avec une tension qui va de quatre à cinq atmosphères.

Cependant, ayons bien soin de remarquer que les navires ne font jamais usage de ce système combiné, et voici le motif de cette exclusion. Si le niveau de l'eau venait accidentellement à s'abaisser dans la chaudière, les parois du métal ne tarderaient pas à rougir, par suite de la température excessivement élevée que présente le foyer, lorsqu'il sert à produire de la vapeur à haute pression. Or, si dans ce moment, le roulis du navire projetait une partie de l'eau de la chaudière contre ces parois rougies, l'explosion serait à craindre. C'est pour ce motif que les machines à haute pression sont proscrites sur les navires, et réservées aux bateaux qui suivent le cours tranquille des rivières ou des fleuves.

Outre la machine de Watt, on fait quelquefois usage, pour mettre en action les roues à aubes, de machines d'un autre type, parmi lesquelles nous signalerons les *machines à cylindre horizontal*, dont le type est assez conforme à celui des locomotives, les *machines à cylindre vertical* et les *machines oscillantes*. Mais ces systèmes sont rarement consacrés à mettre en action les roues ; dans l'immense généralité des cas, on s'en tient aujourd'hui à l'ancien type de Watt pour les navires à roues.

Machines à vapeur des bateaux à hélice. — La machine de Watt se prêterait mal à fournir la vitesse qu'il faut imprimer à l'hélice. On fait donc usage, dans ce cas, de machines portant directement l'effet moteur sur l'arbre à mettre en rotation. C'est pour ces motifs que l'on a fait usage successivement sur les bateaux et navires à hélice :

1° De machines à cylindre horizontal ;

2° De machines oscillantes ;

3° De machines à deux cylindres inclinés, agissant sur le même arbre, et conformes au type des locomotives.

De ces trois systèmes, le premier, c'est-à-dire la *machine à cylindre fixe horizontal*, a été jusqu'ici le plus usité. Le navire *le Charlemagne*, qui a servi de type à la plupart des machines des navires à hélice de la marine impériale française, est muni d'une machine de ce type, qui est aujourd'hui le plus généralement adopté. L'action motrice de la tige du piston se transmet directement et sans aucun intermédiaire, autre que l'embrayage que l'on a vu représenté (fig. 117, page 246), à l'arbre de l'hélice, auquel il imprime une vitesse très-considérable.

Les *machines oscillantes* qui ont été employées pendant une vingtaine d'années sur les remorqueurs des bateaux de rivière et sur les navires, sont aujourd'hui abandonnées, par suite des inconvénients qui sont inhérents à ce genre de machines, et qui résultent, d'une part, de l'usure trop rapide des tourillons supportant le cylindre mobile ; d'autre part, de l'imperfection du vide et de la perte de pression occasionnés par le long trajet de la vapeur dans les coudes et les circuits des tourillons.

Les *machines à cylindres inclinés*, selon le type des locomotives, constituent un système nouveau, qui tend à se généraliser beaucoup sur les navires, en raison du faible emplacement nécessité pour l'installation de cet appareil mécanique. MM. Gâche (de Nantes), Tompson et Wothert, en Angleterre, Carslund, en Suède, ont construit les machines les plus remarquables en ce genre. La seule machine de navigation qui obtint à l'Exposition universelle de 1855, la grande médaille d'honneur, était une machine de ce genre, c'est-à-dire à cylindres inclinés, selon le type des locomotives. Elle avait été construite par M. Carslund à l'usine de Motala, en Suède. Cette disposition paraît celle qui sera adoptée dans l'avenir, pour les navires à hélice.

La puissance des machines à vapeur, quel que soit le type de leur construction, varie selon le port des bateaux ou des navires. Ces deux termes sont assujettis au principe suivant généralement adopté : La force de la machine à vapeur doit être d'un cheval pour un port de deux tonneaux sur les bateaux de rivière, et sur les navires, d'un cheval pour un port de quatre tonneaux.

Chaudière et foyer de machines à vapeur appliqués à la navigation. — Si les machines à vapeur qui servent à la navigation, ressemblent beaucoup, sous le rapport du mécanisme, aux machines fixes de nos usines, elles en diffèrent en ce qui concerne la disposition de la chaudière et du foyer. On comprend, en effet, que l'agitation continuelle de la chaudière, par suite du roulis ou du mouvement des vagues, doit entraîner la nécessité de dispositions spéciales pour le générateur. Indiquons rapidement les formes principales adoptées aujourd'hui pour la construction des chaudières des bateaux.

Les chaudières des bateaux qui font usage de machines à basse pression, présentent une forme prismatique ; elles sont analogues, par leur aspect, aux chaudières de Watt, que l'on désigne sous le nom de *chaudières à tombeau*. Mais elles en diffèrent notablement en ce qu'elles sont partagées à l'intérieur en un certain nombre de compartiments, ou cloisons, qui ont pour effet d'arrêter et de maintenir la masse du liquide qui s'y trouve contenu, lorsque le bâtiment vient à s'incliner, par l'effet du mouvement de la mer. De plus, on les fait traverser par un certain nombre de larges conduits métalliques, par lesquels s'échappe l'air chaud qui sort du foyer. Par cet artifice, l'eau se trouve soumise par une plus grande surface à l'action du feu, et elle donne ainsi naissance, dans le même temps, à une quantité beaucoup plus considérable de vapeur.

Dans les machines à haute pression des bateaux, la vapeur est produite par des chaudières à bouilleurs, analogues à celles des machines fixes ; seulement le nombre des bouilleurs est plus grand. Ajoutons que depuis plusieurs années on a adopté, pour le service des bateaux et des navires, les chaudières dites *tubulaires* qui, dans un espace de temps très-court, produisent une quantité de vapeur prodigieuse. Ces chaudières se composent d'une grande capacité à peu près prismatique, traversée par un nombre considérable de tubes étroits, dans l'intérieur desquels vient circuler l'air chaud ou la flamme arrivant du foyer, et qui donnent ainsi à la surface de chauffe une étendue extraordinaire. Nous aurons occasion de parler avec beaucoup de détails, dans l'histoire des chemins de fer, de ce genre de chaudière, dont l'emploi commence à se généraliser dans les machines de navigation.

Cependant la force qu'il faut développer pour mettre en mouvement sur les eaux, la masse énorme d'un navire, est si considérable, qu'une chaudière présentant les dispositions précédentes, serait encore insuffisante pour produire la quantité de vapeur nécessaire au jeu de la machine. Or, comme on ne peut étendre au delà de certaines limites les dimensions des chaudières, on est contraint d'en employer deux pour chacune des machines. Et comme, d'autre part, un bateau à roues est toujours mis en action par deux machines, on voit que l'on est conduit à employer sur un navire à vapeur porteur de roues, quatre générateurs de vapeur. Ces quatre chaudières sont adossées deux à deux, l'une contre l'autre, et installées dans la cale du navire, dont elles occupent la plus grande partie. Les deux machines à vapeur qu'elles alimentent, sont disposées par-dessus.

Les chaudières des navires présentent une particularité que n'offrent point celles des bateaux de rivière. Elles sont naturellement alimentées par l'eau de la mer. Or, cette eau tient en dissolution une quantité considérable de substances salines, et son évaporation dans le générateur, donne promptement naissance à un dépôt abondant de sel marin. Les moyens employés dans les machines fixes pour prévenir la formation des dépôts terreux, resteraient ici sans efficacité. On sait que dans les machines alimentées par de l'eau douce, certains corps étrangers, maintenus dans la chaudière, suffisent pour prévenir la formation des incrustations terreuses. Cette précaution serait complétement insuffisante avec l'eau de la mer, qui tient en dissolution une quantité de sels énorme (32 grammes par litre). Comme il serait impossible de s'opposer à la précipitation de ces substances, on est contraint de remplacer l'eau du générateur lorsqu'elle a atteint le degré de concentration auquel elle commence à fournir du sel.

C'est dans ce but que les chaudières des navires sont pourvues d'une pompe, dite *à saumure*, destinée à rejeter à la mer l'eau qui a subi un commencement de concentration. Cette pompe est mise en mouvement, terme moyen, une fois par heure. Elle vient puiser l'eau dans les parties inférieures de la chaudière, parce que c'est dans ce point que se réunit, en raison de sa pesanteur spécifique, l'eau la plus chargée de sels.

Il existe une pompe à saumure, dite de *Maudslay*, du nom du fabricant qui l'a imaginée. Son mécanisme et ses dimensions sont calculés de telle sorte qu'elle extrait de la chaudière un volume d'eau contenant précisément la quantité de sels existant dans le volume d'eau apporté, dans le même temps, au générateur, par le tuyau de la pompe alimentaire.

On appelle *faire l'extraction*, dans les bateaux de mer, l'opération qui consiste à évacuer ainsi, d'heure en heure, l'eau concentrée et chargée de sels qui existe dans le générateur. Pour utiliser une partie de la chaleur emportée par cette eau, on la dirige hors du navire, par un tuyau métallique, qui se trouve environné lui-même d'un second tube, par lequel arrive l'eau d'alimentation. Grâce à cette disposition, l'eau qui entre dans la chaudière, s'échauffe aux dépens de celle qui est rejetée ; et lorsqu'elle s'introduit dans le générateur, elle se trouve déjà en partie échauffée, ce qui procure une certaine économie de combustible.

NOTES

1.   Tome V, page 10 des Œuvres complètes.

2.   A Sketch of the Origin and Progress of steam navigation, by Woodcroft, p. 10.

3.   La description de l'appareil de Jonathan Hulls se trouve dans un ouvrage devenu fort rare en Angleterre, intitulé : Description, avec planches, d'une nouvelle machine servant à faire sortir les bateaux ou navires des ports et rivières, ou à les y faire entrer contre vent et marée comme en temps calme, par Jonathan Hulls, Londres, 1737.

4.   Voyez l'important mémoire de Bernouilli dans le Recueil des pièces qui ont remporté les prix de l'Académie, t. VI, p. 94 et suivantes.

5.   Ces galères étaient des bâtiments plats, étroits, à bords très-bas, qui allaient à voiles et à rames. Les forçats, enchaînés sur les bancs, étaient condamnés à faire marcher ces navires, quelquefois très-chargés et toujours très-lourds. Le travail des galériens rendait des services réels. Une ordonnance de Charles IX, du mois de novembre 1564, enjoint aux parlements de ne pas prononcer la peine des galères pour un temps moindre de dix ans (voy. Guénois,

p. 805) : « parce que trois années étant nécessaires pour enseigner aux forçats le métier de la vogue et de la mer, il serait très-fâcheux de les renvoyer chez eux au moment où ils deviennent utiles à l'État. » Le besoin qu'on avait de rameurs faisait même fléchir les règles de la justice. Colbert écrivit aux parlements, par ordre de Louis XIV, pour leur recommander de condamner aux galèresle plus qu'ils pourraient, même pour les crimes qui mériteraient la peine de mort.

6.   Notice sur les premiers essais de navigation à vapeur (1772-1774), par Ch. Paguelle, arrière-petit-fils maternel du général de Follenai. — Extrait des Annales franc-comtoises, livraison d'octobre 1865, in-8o, p. 4-5.

7.   Notice sur les premiers essais de navigation à vapeur (1772-1774), par Ch. Paguelle, p. 4-5.

8.   Notice sur les premiers essais de navigation à vapeur, par Ch. Paguelle, p. 9.

9.   Des bateaux à vapeur, précis historique de leur invention, par Achille de Jouffroy, fils du marquis Claude de Jouffroy. Paris, 1841, in-8o, p. 12.

10.   Ducrest, Essai sur les machines hydrauliques, p. 131.

11.   Pollionis Vitruvii Architectura, lib. X, cap. IX et X (De organorum ad aquam hauriendam generibus).

12.   « Vidi etiam effigiem navium quarumdam, quas Liburnas dicunt quæ ab utroque latere extrinsecus tres habebant rotas, aquam attingentes : quarum quælibet octo constabat radiis, manus palmo e rota prominentibus : intrinsecus vero sex boves machinam quamdam circumagendo, rotas illas incitabant : et radii aquam retrorsum pellentes. Liburnam tanto impetu ad cursum propellebant, ut nulla triremis ei posset resistere. » (Guidonis Panciroli Res memorabiles, sive deperditæ, commentariis illustratæ ab Henrico Salmuth, pars 1, p. 127.)

13.   Annales de l'industrie, t. VIII, p. 294.

14.   Robertus Valturius, De re militari, lib. XI, cap. XII.

15.   Machines et inventions approuvées par l'Académie royale des sciences, t. I, p. 173 et suiv.

16.   Ibidem, t. VI, p. 41.

17.   Atlas, t. III, planche 69.

18.   Voir cet acte de notoriété dans le mémoire déjà cité, du marquis de Jouffroy, fils de l'inventeur (des Bateaux à vapeur, page

57, Pièces justificatives). Il est dit dans cet acte notarié, que « le bateau remonta le cours de la Saône, sans le secours d'aucune force animale, et par l'effet de la pompe à feu, pendant un quart d'heure environ. »

19.   Notice historique sur l'invention des bateaux à vapeur lue à la Société littéraire de Lyon, le 27 janvier 1864. Lyon, 1864, in-8o, page 26.

20.   C'est pour honorer le souvenir de ce savant que la municipalité de Paris a donné le nom de rue Jouffroy à une rue du 12e arrondissement, située entre les ponts d'Austerlitz et de Bercy, sur le quai d'Austerlitz. C'est ce qui résulte d'une lettre adressée le 1er août 1864 par M. Haussmann, préfet de la Seine, à M. le marquis Bausset-Roquefort, auteur de la Notice historique lue à la Société littéraire de Lyon, que nous venons de citer.

21.   Taylor consigna les résultats de cette expérience dans une lettre à l'éditeur du Journal de Dumfries et dans l'Advertiser d'Édimbourg. Le Scot's Magazine de novembre 1788, publia aussi, dans une lettre de James Taylor, la description de cette expérience.

22.   Les renseignements qui précèdent concernant les travaux de Fitch à Philadelphie, sont tirés de deux articles publiés les 29 mars et 16 avril 1859, dans le Moniteur universel, par M. Pierre Margry, historiographe à notre ministère de la marine, sous ce titre : la Navigation du Mississipi.

23.   Lettre à M. Leroy, du 5 avril 1775 (Œuvres de Franklin), in-4o.

24.   Il existe, au Conservatoire des arts et métiers, une lettre assez curieuse de Fulton, qui contient l'annonce et la description de la machine qu'il se proposait d'appliquer aux bateaux de rivière. Cette lettre, est adressée par Fulton, avec le dessin de son bateau, aux directeurs du Conservatoire, Molard, Bandel et Montgolfier, pour établir la priorité de son invention. Comme ce document établit d'une manière authentique la date des premiers travaux de Fulton, nous croyons utile de le rapporter ici.

Voici donc le texte de cette lettre de Fulton, débarrassée de quelques fautes d'orthographe qui émaillent l'original.

Lettre de Robert Fulton aux citoyens Molard, Bandel et Montgolfier, amis des arts.

Louis Figuier

Paris, le 4 pluviôse an XI (1803).

« Je vous envoie ci-joints les dessins-esquisses d'une machine que je fais construire, avec laquelle je me propose de faire bientôt des expériences pour faire remonter des bateaux sur des rivières, à l'aide de pompes à feu. Mon premier but, en m'occupant de cet objet, était de le mettre en pratique sur les longs fleuves en Amérique, où il n'y a pas de chemins de halage, où ils ne sont guère praticables, et où, par conséquent, les frais de navigation à l'aide de la vapeur seront mis en comparaison avec celui du travail des hommes et non pas des chevaux, comme en France.

« Vous voyez bien qu'une telle découverte, si elle réussit, sera infiniment plus importante en Amérique qu'en France, où il existe partout des chemins de halage et des compagnies établies qui se chargent du transport des marchandises à un taux si modéré, que je doute fort si jamais un bateau à vapeur, tout parfait qu'il puisse être, peut rien gagner sur ceux avec chevaux pour les marchandises. Mais, pour les passagers, il est possible de gagner quelque chose à cause de la vitesse.

« Dans ces dessins, vous ne trouverez rien de nouveau, puisque ce sont des rames à eau, moyen qui a été souvent essayé et toujours abandonné, parce qu'on croyait qu'il donnait une prise désavantageuse dans l'eau ; mais, d'après les expériences que j'ai déjà faites, je suis convaincu que la faute n'a pas été dans la roue, mais dans l'ignorance des proportions des vitesses des puissances et probablement des combinaisons mécaniques.

« J'ai pensé, par mes expériences très-exactes, que les roues à eau sont beaucoup préférables aux chapelets ; par conséquent, quoique les roues ne soient pas une nouvelle application, si, cependant, je les combine de manière qu'une bonne moitié de la puissance de la machine agisse en poussant le bateau, de même que si la prise était de la terre, la combinaison sera infiniment meilleure que tout ce qu'on ait fait jusqu'ici, et c'est, dans le fait, une nouvelle découverte.

« Pour transporter des marchandises, je propose un bateau à machine destiné à tirer un ou plusieurs autres bateaux à charge, chacun desquels sera si serré à son devancier que l'eau ne coule pas entre pour faire résistance. J'ai déjà fait ceci dans ma patente pour des petits canaux, et il est indispensable pour des bateaux marchands mus par la machine à feu.

« Par exemple …

« Supposez le bateau à machine A présentant à l'eau une face de 20 pieds, mais pointé à un angle de 50 degrés ; il lui faudrait une machine de 420 livres de puissance faisant 3 pieds par seconde pour le mouvoir une lieue par heure dans l'eau stagnante. Si les bateaux B et C ont des faces pareilles à A, il leur faudra à chacun une égale puissance de 420 livres, c'est-à-dire 1 260 livres pour les trois, tandis que s'ils sont liés de la manière que j'ai indiquée, la force de 420 suffira pour tous. Cette grande économie de puissance est trop conséquente pour être négligée dans une telle entreprise.

« CITOYENS,

« Lorsque mes expériences seront faites, j'aurai le plaisir de vous inviter à les voir, et, si elles réussissent, je me réserve la faculté ou de faire présent de mes travaux à la République, ou d'en tirer les avantages que la loi m'autorise. Actuellement, je dépose ces notes entre vos mains, afin que si un projet semblable vous parvient avant que mes expériences soient terminées, il n'ait pas la préférence sur le mien.

« Salut et respect.
« ROBERT FULTON. »

1. Ici se trouve dans la lettre un croquis de trois bateaux, se suivant dans cet ordre : C, B, A.

25.   Recueil polytechnique des Ponts et chaussées, t. I, p. 82, 6e cahier de l'an XI.

Le Recueil polytechnique des Ponts et chaussées fait suivre cet article d'une lettre d'un habitant de Rouen, nommé Magnin, qui prétend avoir fait, de son côté, et en même temps que Fulton, la même découverte. Il ajoute qu'il serait possible, avec des bateaux mus par la vapeur, de transporter très-rapidement trois cent mille hommes en Angleterre. Mais tout se réduit à de simples affirmations de la part de notre Rouennais.

26.   Dans ses Mémoires publiés en 1857, le maréchal Marmont a été amené à parler des rapports de Fulton avec Bonaparte, et il l'a fait presque dans les mêmes termes et tout à fait dans le même esprit que nous-même. « En ce moment, dit M. de Raguse, Fulton,

Américain, avait eu la pensée (après plusieurs personnes, qui depuis cinquante ans l'avaient imaginé sans y donner suite) et vint à proposer d'appliquer à la navigation la machine à vapeur, comme puissance motrice. La machine à vapeur, invention sublime qui donne la vie à la matière, et dont la puissance équivaut à l'existence de millions d'hommes, a déjà beaucoup changé l'état de la société, et modifiera encore puissamment tous ses rapports ; mais, appliquée à la navigation, ses conséquences étaient incalculables. Bonaparte, que ses préjugés rendaient opposé aux innovations, rejeta les propositions de Fulton. Cette répugnance pour les choses nouvelles, il la devait à son éducation de l'artillerie... Mais une sage réserve n'est pas le dédain des améliorations et des perfectionnements. Toutefois j'ai vu Fulton solliciter des expériences, demander de prouver les effets de ce qu'il appelait son invention. Le Premier Consul traita Fulton de charlatan et ne voulut entendre à rien. J'intervins deux fois sans pouvoir faire pénétrer le doute dans l'esprit de Bonaparte. Il est impossible de calculer ce qui serait arrivé s'il eût consenti à se laisser éclairer... C'était le bon génie de la France qui nous envoyait Fulton. Le Premier Consul, sourd à sa voix, manqua ainsi sa fortune. » (Tome II, pages 210-212.)

Ce passage des Mémoires du maréchal Marmont confirme pleinement, comme on le voit, la vérité de nos propres informations, puisées d'ailleurs à une tout autre source.

27.   Exposition et histoire des principales découvertes scientifiques modernes, 6e édition, t. I, p. 290-294, in-18. Paris, 1862.

28.   William Symington obtint en 1825, sur la cassette du roi, une somme de 100 livres sterling ; et un an après, une somme de 50 livres, comme récompense de ses travaux sur la navigation par la vapeur. Il avait inutilement demandé une pension au gouvernement. Dénué de ressources, il fut soutenu pendant les dernières années de sa vie, par quelques amis, en particulier par lord Dundas, et les propriétaires du bateau à vapeur de Londres.

James Taylor, qui était l'un des premiers entré dans la même voie, mourut sans avoir ressenti les effets de la reconnaissance de son pays. Seulement, à sa mort, sa veuve obtint une pension viagère de 50 livres sterling, accordée par lord Liverpool. En 1837, chacune des filles de Taylor reçut une dot de 50 livres sterling par le crédit de lord Melbourne.

Quant à Patrick Miller, qui pouvait aussi faire valoir ses droits comme coopérateur dans l'œuvre de la navigation par la vapeur, il ne réclama jamais aucune récompense. Sa fortune, qui lui avait permis de consacrer plus de 30 000 livres sterling à la recherche d'inventions utiles à la marine, le dispensa de toute sollicitation auprès du gouvernement.

29.   Nous ferons remarquer que cette date de 1801 prêterait beaucoup à la discussion, car Fulton se trouvait en France à cette époque, et ne partit qu'en 1804 pour l'Angleterre. Aurait-il fait expressément le voyage ? C'est ce qu'il faut admettre pour donner toute créance à ce document.

30.   Ces dernières pièces sont rapportées dans l'ouvrage de M. Woodcroft, p. 64-67.

31.   The life of Robert Fulton, by his friend, C.-N. Colden. New-York, 1817, in-8, p. 168.

32.   Daniel Ood éleva la prétention de partager avec Fulton le privilége de la navigation par la vapeur, privilége concédé à ce dernier par l'acte du Congrès de Washington. Un comité nommé par la chambre législative, dans un rapport sur cette affaire, ne craignit pas de fouler aux pieds les droits de Fulton, en déclarant « que les bateaux construits par Livingston et Fulton n'étaient, en définitive, que l'invention de Fitch. » C'était là une décision fort injuste. L'appareil mécanique employé par Fitch était très-imparfait ; celui de Fulton était, au contraire, irréprochable. C'était, en outre, le premier qui eût réussi dans la pratique.

33.   A sketch of the origin and progress of steam navigation, from authentic documents, by Bennet Woodcroft. In-8o, London, 1848, p. 83.

34.   Stuart, édition anglaise, vol. II, p. 525.

35.   M. Paguelle, dans la notice que nous avons déjà citée plusieurs fois, essaye de donner quelques éclaircissements sur ce grand bateau que l'inventeur construisait en 1802, avec l'aide de son fils Achille et de M. Marion, en même temps qu'il travaillait à son petit modèle.

« Si j'en crois, dit M. Paguelle, les traditions du pays, il l'aurait fait naviguer, vers 1803 ou 1804, entre Abbans-Dessous et Osselle ; il resta quelque temps amarré au portail de Roche. Je tiens ces faits, non-seulement de mon père, intimement lié avec la famille de Claude de Jouffroy, mais encore d'autres témoins oculaires, parmi lesquels je citerai M. Domet, ancien inspecteur des eaux et forêts à Vesoul, M. Victor Grillet, ancien avocat et député du Doubs, M. Talbert de Nancray.

« On voyait encore, il y a près de trente ans, à quelque distance d'Abbans-Dessus, une petite construction élevée, m'a-t-on dit, de la main même des fils de M. Claude de Jouffroy pour abriter le travail de leur père ; des débris du petit modèle ont été conservés pendant longtemps au château d'Abbans-Dessus, où, l'automne dernier, dans la cour d'entrée, j'ai vu la forge qui a servi à l'inventeur pour établir de ses mains les pièces de la machine. » (Notice sur les premiers essais de la navigation par la vapeur, page 15.)

36.   Traité élémentaire et pratique des machines à vapeur, par M. Jules Gaudry, 2e édition, t. II, p. 514.

37.   Une extrémité de l'île, celle qui regarde le haut du fleuve, est appelée Pointe du nord ;l'autre Pointe du sud.

38.   Amulettes.

39.   Contes et nouvelles, in-18, Paris, 1851, chez V. Lecou, pages 256-269.

40.   Les faits précédents, qui ont été rapportés en 1857 par le Courrier des États-Unis, sont consignés dans les annales de Liverpool, et les lettres commerciales de cette époque racontent avec détails le succès du bâtiment américain.

41.   Voyez un mémoire sur ce sujet publié dans le Mechanic's Magazine (juillet 1854), par le capitaine Shuldam.

42.   L'invention de la vis est attribuée à Archytas, qui vivait environ 400 ans avant J.-C. ; il est cependant probable qu'elle est d'une origine plus ancienne. Plus tard, on revêtit la vis d'une enveloppe, et on la consacra à l'élévation des eaux. On sait que ce moyen fut employé en Égypte, pour le desséchement des terres, après les débordements du Nil. Archimède qui perfectionna, en Égypte, l'application de la vis au desséchement des terrains submergés, mérita d'appliquer son nom à cet appareil, perfectionné par lui.

43.   Voyez pour l'historique complet des essais très-divers et très-nombreux, faits pour appliquer l'hélice à la navigation, les ouvrages suivants : Mémoires de M. Léon Duparc (Annales maritimes, 1842, t. II, p. 885) ; — Recueil de machines, par Armengaud, 23 ; — Mémoire sur les propulseurs, par le capitaine Labrousse ; — Traité des propulseurs, de Galloway, traduit par Labrousse ; — Mémoire sur la navigation aux États-Unis, par Marestier ; — Treatise on the Screw Propeller, par Bourne ; — Id., par Tredgold, nouvelle édition ; — Rudimentary Treatise on the Marine Engine, par R. Murray ; — Mémoire de MM. Moll et

Bourgeois ; — enfin et surtout le Traité de l'hélice propulsive, par le capitaine Paris, qui a placé en tête de son livre, la traduction d'une notice historique sur l'hélice, tirée de l'ouvrage anglais de Bourne.

44.   Théorie de la vis d'Archimède, de laquelle on déduit celle des moulins, conçue d'une nouvelle manière, par M. Paucton, in-18, Paris, 1778.

45.   Il est difficile aujourd'hui de connaître exactement les détails du plan de Dallery. Le brevet d'invention qui lui fut accordé le 29 mars 1803, se trouve mentionné dans leIIe volume, p. 206, no 138 de la Collection des brevets d'Invention, publiée en 1818, par ordre du ministre de l'intérieur ; mais on se borne à rapporter le titre du brevet. Ce titre est le suivant :

Mobile perfectionné appliqué aux voies de transport par terre et par mer. Ce n'est que de nos jours que le texte de ce brevet a été connu comme nous l'avons déjà dit, par la publication qu'en a faite M. Chopin-Dallery, gendre de l'inventeur.

Si l'on cherche l'explication de ce laconisme dans la citation du recueil officiel, on la trouve dans une note placée en tête de l'ouvrage. Voici cette note :

« Nous n'avons fait qu'indiquer, dans ce recueil, le titre des brevets dont l'objet est une conception chimérique que l'expérience a jugée, ou une chose que tout le monde connaît, ou que personne n'a envie de connaître. »

Le projet de Dallery a donc été jugé avec défaveur à l'époque où il s'est produit. On ne peut s'empêcher de reconnaître que cette défaveur était justifiée sur plus d'un point. Mais il ne faut pas oublier, d'un autre côté, que ce projet a été conçu en 1803, c'est-à-dire à une époque où la navigation par la vapeur en était à peine à ses débuts. La pratique aurait sans doute amené l'auteur à faire disparaître les défectuosités de son système.

46.   C'est grâce aux efforts persévérants de son gendre, M. Chopin-Dallery, que les travaux de Charles Dallery ont été préservés de l'oubli qui les menaçait. M. Chopin-Dallery a publié, en 1855, chez Firmin Didot, une brochure intitulée : Origine de l'hélice propulso-directeur, précédée d'une notice sur Charles Dallery. Il a fait aussi paraître une brochure de 20 pages in-8o, ayant pour titre : L'hélice appliquée aux bateaux et aux voitures à vapeur, mémoire explicatif sur le brevet d'invention Dallery obtenu le 29 mars 1803. Ce travail fut présenté à l'Académie des sciences le 25 mars 1844, et une commission composée de MM.

Arago, Ch. Dupin, Pouillet et Morin, reconnut dans un rapport, les droits de Dallery aux inventions spécifiées dans ce mémoire. Mais combien n'y a-t-il pas, autour de nous, de ces Dallery ignorés, et qui le seront à jamais, faute d'un gendre !

47.   L'année scientifique et industrielle, par Louis Figuier, 7e année, pages 227-236, in-18, Paris, 1863.

ISBN : 978-1519160973